马如龙 编著 鼓舞工作室 图/视频

重庆出版集团 重庆出版社

图书在版编目 (CIP) 数据

这才是川菜 / 马如龙编著 . —重庆 : 重庆出版社 ,
2019.2
ISBN 978-7-229-13697-0

Ⅰ. ①这… Ⅱ. ①马… Ⅲ. ①川菜 Ⅳ. ① TS972.182.71

中国版本图书馆 CIP 数据核字 (2018) 第 263404 号

这才是川菜

ZHE CAI SHI CHUANCAI

马如龙 编著

策　　划 : 千卷文化
责任编辑 : 刘　喆
责任校对 : 刘小燕
封面设计 : 邹雨初
装帧设计 :
图 / 视频 : 鼓舞工作室

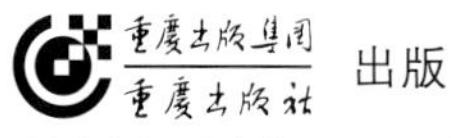

出版

重庆市南岸区南滨路 162 号 1 幢　邮政编码 :400061　http://www.cqph.com
重庆俊蒲印务有限公司印刷
重庆出版集团图书发行有限公司发行
全国新华书店经销

开本 :787mm×1092mm　1/16　印张 :12.25　字数 :300 千
2019 年 2 月第 1 版　2019 年 2 月第 1 次印刷
ISBN 978-7-229-13697-0

定价 : 42.00 元

如有印装质量问题，请向本集团图书发行有限公司调换 :023-61520678

这才是川菜

主厨介绍

乐厨

乐厨是一家提供家庭餐食系统解决方案的企业，从原料采集到菜谱和制作流程研发，力图将复杂的家庭食物采购和烹饪行为变为简单有趣的过程，最大限度地减少人们为家庭餐食所付出的思考时间和制作时间，同时保证了餐食的多样性和营养搭配，以及满足了人们在其中的乐趣体验和自我成就感。

吕 鑫

重庆陶苏餐饮管理有限公司餐饮总监，中国明星大厨、青年烹饪艺术家、中国名厨、中国分子美食协会副会长、中国分子美食艺术讲师、中国烹饪协会特级烹调师、日餐协会高级料理师，2015年首届中国分子美食大赛分子厨艺卓越之星、2015年首届全国分子厨艺烹饪大赛金奖、2015年首届国际美食烹饪大赛金奖、2015年亚洲国际厨神挑战赛金奖。

陈 瑜

国家级特二级厨师，擅长传统川菜烹饪，在生活工作中致力于传统川菜的研究与推广，传承川菜烹饪的传统技艺。经营有盘中餐、田园酒家、远山羊肉馆三家川菜饮食餐馆，专注于传统川菜，力图展现传统川菜的食色口味。

序论

中国八大菜系之中，川菜称得上是异数。川菜之滥觞，可上溯到先秦时代的蜀国和巴国，至两宋时期形成独立菜系。古典川菜深受天府沃土的影响，精致富贵之气独树一帜，为唐宋士大夫阶层所喜，唐之李白、杜甫，宋之苏轼、陆游等，均为其拥趸。但是，千百年前让李白、苏轼们垂涎欲滴的川菜，早已消失在宋以后的历次战乱之中。我们今天看到的现代川菜，以乾隆时四川罗江人李化楠所著的《醒园录》为发轫，从缘起到定调，贯穿了两百年的“湖广填四川”大移民历史，直到民国初年才自成一派。

汉魏以来，古典川菜便形成“尚滋味、好辛香”的传统，现代川菜同样也以“一菜一格，百菜百味”“清鲜醇浓，麻辣辛香”为特色，可见对味蕾极致享受的追求，古今川菜一脉相承、同根同源，经千年而未变。更为一致的是，二者均重视强烈的味感调料。古典川菜多以姜、花椒、茱萸、大蒜、胡椒等入味，甚至会大量使用蔗糖和蜜。待清中叶辣椒进入四川并广泛种植和用于烹饪后，辣椒这一“百味之王”迅速与巴蜀已有的花椒、胡椒、豆瓣酱交融，赋予现代川菜麻、辣、鲜、香的特色，使川菜迅速崛起为八大菜系之一。

海纳百川、善于创新，是川菜不同于其他菜系的另一特色，所谓“南菜川味、北菜川烹”，正是对川菜这一特点的概括。仅只“味”一字，现代川菜在其形成和发展的过程中，就吸纳了鲁菜、浙菜、粤菜等多家之长。红烧肉、夹沙肉、粉蒸肉等传统川菜，便有鲁菜的特点和影响；《醒园录》中记载的 38 种烹调方法，江浙菜系的影子无处不在；20 世纪 90 年代之后对粤菜的学习和借鉴，也是新派川菜的一大主流做法。

从晚清到 21 世纪的百余年时光，现代川菜逐步形成由筵席菜、大众便餐菜、家常菜、三蒸九扣菜、风味小吃等五类菜肴组成的完整的风味体系，以“三香三椒三料，七滋八味九杂”的极致味觉体验，成为当今中国影响力最大、分布最广、食客最多的第一大菜系。

然可惜的是，巴蜀大地之外，世人对川菜的认识，仅流于口味的辣与重之上。为此，以《这才是川菜》为题的本书，将特色迥异的三十四道经典川菜作为味道之源，记录现代川菜的传世渊源，解构其创新流变，感悟其家常情怀，抒写其江湖豪气，演绎和还原现代川菜的前世今生，纠正世人之认知，重新解读川菜之大美。

食材速查

－八角－

八角又称大茴香、大料，具有浓烈的芳香味道，是香料的一种。可做药材，亦可做烹饪辅料。

－白芷－

白芷是白芷植物的根，可入药，也可做烹饪香料，味道辛香。

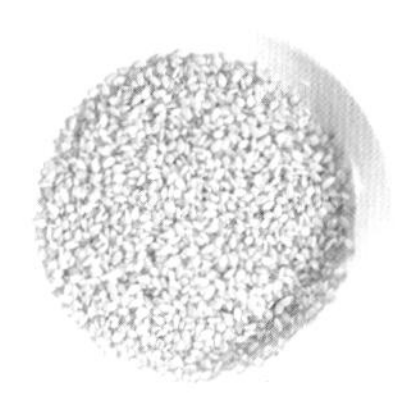

－白芝麻－

白芝麻色泽洁白，颗粒饱满，香味醇厚，在烹饪中使用，可以提高食材的口感，增加菜品的香味。

－薄荷叶－

薄荷的叶片，味道清凉，可食用也可药用。加薄荷叶鲜叶或者阴干品，可让菜品口感更为立体，成色更为鲜艳。

－草果－

草果别名草果仁、草果子，是草果植物的果实。草果有特异的香气，味道辛香、微苦，是一种调味香料，具有特殊浓郁的辛辣香味。其干燥的果实被用作烹饪调味料和中草药。

- 大葱 -

大葱味道辛香，有提味的作用。

- 大蒜 -

大蒜在不同的地区有不同的叫法，也有称蒜头。其味道辛辣，有浓烈的蒜辣气，是常用的调味品，也可直接食用。

- 大枣 -

大枣又称红枣，维生素含量高，有“天然维生素丸”的美称，营养丰富，滋味甜美，可做食疗补品。

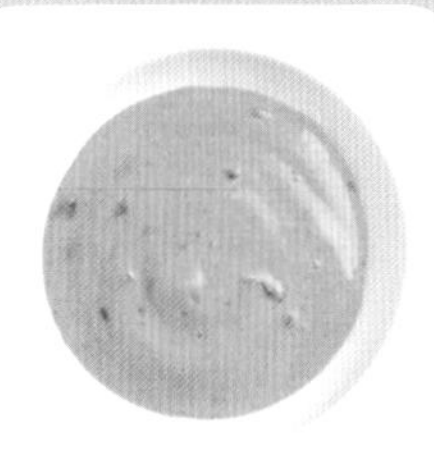

- 蛋黄酱 -

蛋黄酱的色泽淡黄，柔软适度，呈黏稠态，有一定韧性，清香爽口，回味浓厚，是常见的一种调味酱，可用于沙拉等冷菜中。

- 刀口辣椒 -

干红辣椒下锅炒香，当颜色变为焦褐色，皮脆时出锅，摊开晾凉后，再切成辣椒碎，这就是四川特有的刀口辣椒。其味香辣浓郁，是川菜中的必备调料。

- 豆蔻 -

豆蔻是豆蔻植物的干燥成熟果实。气味芳香，味辛、性温。

- 豆瓣酱 -

川菜的烹饪离不开豆瓣。四川豆瓣酱是由蚕豆、曲子、辣椒与盐等材料共同发酵而成，其味鲜辣可口，深受食客喜爱。

- 番茄酱 -

番茄酱是以新鲜番茄制得的浓缩酱汁，色泽鲜亮，酸甜味道浓郁，是增色、添酸、助鲜、郁香的调味佳品。

- 干辣椒 -

干辣椒是由辣椒晒干而制成，在川菜中使用广泛，通常于烹饪过程中炒料一步使用。

- 枸杞子 -

枸杞子为枸杞植物的果实，食用药用均可，枸杞子可以加工成各种食品、饮料、保健酒、保健品等等。在煲汤或者煮粥的时候也经常加入枸杞子。

- 桂皮 -

桂皮又称肉桂、香桂，为樟科植物天竺桂或川桂等的树皮，为常用中药，可做食品香料或烹饪调料。

- 蚝油 -

蚝油是用蚝（牡蛎）熬制而成的调味料，呈黏稠状，味道咸香，滋味浓郁。

- 胡椒粉 -

胡椒粉是用胡椒碾压而成的香料粉，香中带辣，常用来提升菜肴味道，也可用来去腥提味。

- 花椒 -

鲜花椒经过干制而得的棕色颗粒状果实，味道辛香刺激，是烹饪川菜中的麻辣滋味不可缺少的调料。

- 花雕酒 -

花雕酒属于我国的传统酿酒，酒性柔和，酒色橙黄清亮，酒香馥郁芬芳，酒味甘香醇厚。在烹饪中将花雕酒用作腌渍用料，可去腥、增香，使菜肴更加鲜美可口。

- 红菜椒 -

红菜椒色泽亮丽，富含维生素，果肉厚实，辣味较淡，味道清香。

- 姜芽 -

姜上所生的芽就叫姜芽。姜芽可用来腌渍酸菜、烹饪炒菜，也可做摆盘装饰。

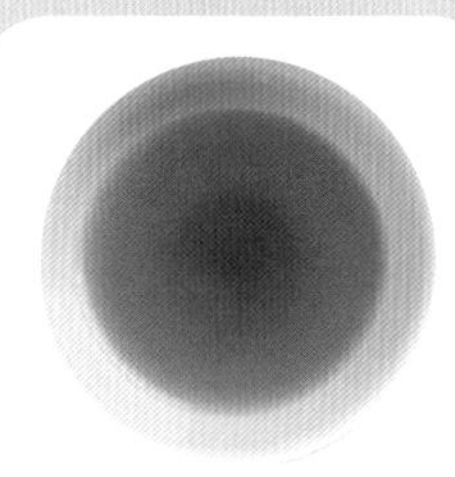

- 料酒 -

料酒是烹饪用酒，是用黄酒、花雕酿制而成，酒香馥郁，味道甘香醇厚。在烹调菜品时加入料酒，不但能有效去除鱼、肉的腥膻味，而且能为菜式增香添味。

－绿芥末－

绿芥末是用植物山葵的根茎磨成的酱，色泽鲜绿，具有强烈的香辛味。能除去鱼的腥味，有杀菌消毒、促进消化、增进食欲的作用。

－卵磷脂－

卵磷脂又称为蛋黄素，在分子料理中可用于制作出液体泡沫。

－柠檬－

柠檬是常见水果，果肉汁酸，用途广泛。在烹饪中常用柠檬汁做腌料或者调味品，特别是在海鲜菜品中，可起到去腥提味的作用。

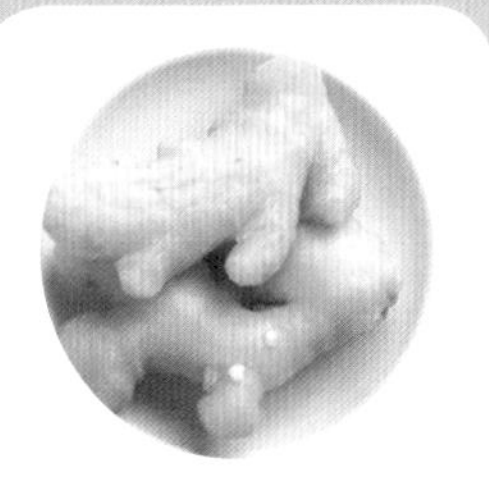

－泡姜－

将生姜以泡菜工艺腌渍而成。泡椒及泡姜一般一同制作，在泡椒味型的菜品中，缺一不可。

－泡椒－

将普通辣椒以泡菜工艺腌渍而得，酸辣可口，是川菜中必要的调味辅料。一尝，便是独特的川菜味觉。

－芹菜－

芹菜是常见蔬菜，气味清香，不仅可做主料，还可做调料，对于菜品有提味的作用。

- 青椒 -

青椒肉较厚，辣味较淡，属于蔬菜用辣椒，营养丰富，烹饪方式多样。

- 生姜 -

生姜味道辛辣，在烹饪中常用作调味品。生姜也可制成姜汁，可做药材使用，具有食疗的作用。

- 十三香 -

“十三香”又称十全香，制作时将13种各具特色的香料调和在一起碾磨成粉。传统十三香包括紫蔻、砂仁、肉蔻、肉桂、丁香、花椒、大料、小茴香、木香、白芷、山柰、良姜、干姜等十三种香料，现在则有不同甚至更多种的香料添加进十三香中。

- 藤椒油 -

藤椒，学名竹叶花椒，味道麻香，所炼制的油常用于烹饪中提升菜品味道。

- 五香粉 -

五香粉就是将超过5种的香料研磨成粉状混合在一起，常于煎、炸前涂抹在鸡、鸭肉类上，也可与细盐混合做蘸料之用。因为香料的调和比例不同，所以不同五香粉的味型也有所不同。

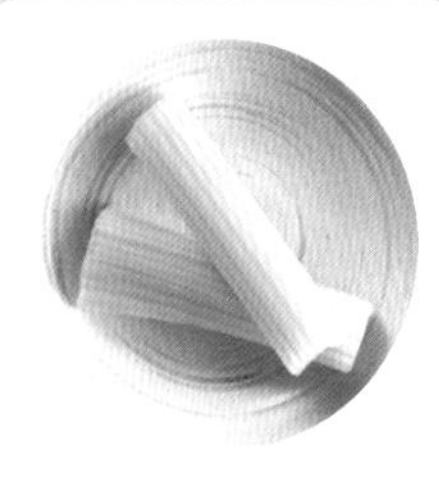

- 西芹 -

西芹营养丰富，富含蛋白质、碳水化合物、矿物质及多种维生素，还含有芹菜油，具有降血压、镇静、健胃、利尿等疗效，是一种保健蔬菜。西芹叶柄宽厚，比常见的芹菜更为粗大，现已在烹饪中广泛使用。

- 鲜花椒 -

新鲜花椒未经过干制工序,颜色青亮,味道辛香,在烹饪中使用,有增加菜品味道、提升菜品品相的作用。

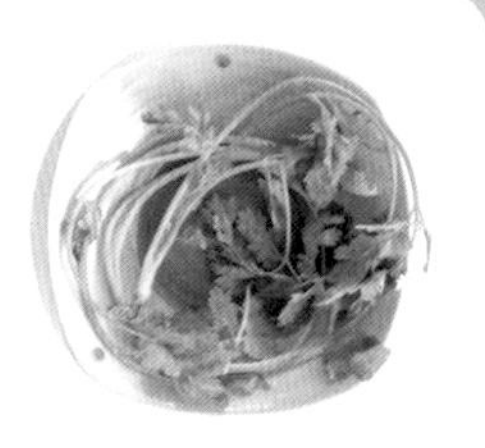

- 香菜 -

香菜又称芫荽,有特殊香气,一般供食用,是食物中的香料调料,可去腥除味,使菜品的味道层次更加丰富。

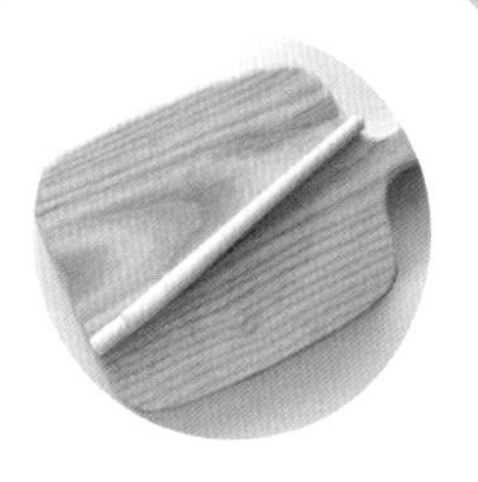

- 香茅 -

香茅是云南以及东南亚等地非常有代表性的香草之一,因有柠檬的清香气,故又被称为柠檬草。

- 香茅酱 -

香茅酱是用香茅、辣椒粉、油、姜、蒜混合搅拌而得到的调味酱料,属于香辣口味的酱料,味道喷香浓郁,常用于日常烹饪中的调味。

- 香叶 -

香叶一般是指月桂叶,其香气芬芳,略带有苦味,作为香料,可用于腌渍或浸渍食品、炖菜、填馅等。

- 小葱 -

小葱又称绵葱、香葱,是烹饪常用调料。小葱生切小段撒在成品菜上,可提升菜品成色、味道,也可以作为烹饪辅料使用。

- 小茴香 -

小茴香又称茴香子，是香料的一种，也可以作为调味品，因为本身带有香气，常用作卤料，或是饺子馅料。

- 小米辣 -

小米辣是辣椒中的一种，常见果实呈长形，其辣度高，味道刺激，在川菜中常用作辣味调料。

- 洋葱 -

洋葱肉质柔嫩，生蔬气味刺激，烹制后汁多，口味辛辣，可做调味与辅材。洋葱本身营养丰富，生熟皆可食用。

- 银杏果 -

银杏果又称白果，成熟后果实呈金黄色，椭圆球形，主要分为药用白果和食用白果两种，药用白果略带涩味，食用白果口感清爽，适合炖汤。

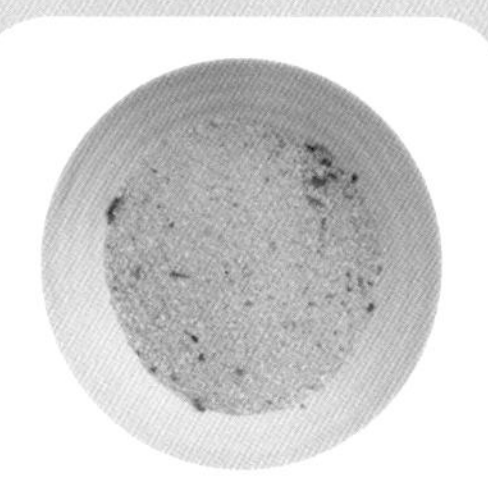

- 蒸肉粉 -

蒸肉粉是以大米为主料，再加上调料制作的。好的蒸肉粉清香绵软，香味浓郁。

- 子姜 -

子姜味道鲜美，口感爽脆，带有辛辣味道，适合做佐料与调味品，也适合烹饪菜品，提升菜品口味。

目录

传世

古典川菜起源于商周和秦初的巴国和蜀国，得益于都江堰的建成和四川井盐的开采，汉魏时期巴蜀大地成为沃野千里、物产丰富的天府之国，在烹调上形成了古典川菜“尚滋味、好辛香”的传统，至唐宋时期达到顶峰，最后在宋末元初的战乱之中凋敝。

与古典川菜2000多年的漫长历史相比，现代川菜初始于清朝乾隆时期，酝酿于咸丰、同治、光绪年间，最后定型于民国初年到抗日战争爆发。自成一派的现代川菜，除了与“尚滋味、好辛香”的传统一脉相承外，无论烹调方式还是调味佐料，与古典川菜已经完全不同。现代川菜的形成，兼容并蓄了清初以来大移民所带来的湖广、江浙、山东等菜系的饮食风格。明末传入中国的辣椒也附丽其上，经过一百多年的浸润，在同治、光绪年间成为川人普遍种植和食用之物，从而为现代川菜赋予了鲜明的个性。

一方水土与独特的人文环境，是地方菜系特色的决定性因素。现代川菜按照地域位置和口味，可分为三大派系。气候温和、生活安逸闲适的成都平原酝酿出亲民平和的上河帮川菜，代表着川菜中“阳春白雪”的一面，用料精细、味道温和、绵香悠长，且因晚清以来达官贵人云集，人文之风鼎盛，更是宫廷菜、公馆菜之类的川菜高档菜的发源地；川东地区山势连绵不绝，丘陵沟壑密布，更有千年航道长江与嘉陵江，这种复杂的大山大江的地理环境，带来了以重庆、达州、南充为代表的粗犷大方、不拘一格的下河帮川菜；在现代川菜的成渝两地之间，则是以自贡和内江菜为代表的小河帮川菜，又称为盐帮菜，其独特的盐商文化和高端、怪异、大气的菜式特点，于川菜之中独树一帜。

传世 No.1

宫保鸡丁

宫保鸡丁红而不辣、辣而不猛、香辣味浓、肉质滑脆，深受大众喜爱。尤其在英美等西方国家，有中国人的地方就有宫保鸡丁，宫保鸡丁甚至在外国人最爱的中国菜排行榜中高居第二，堪称世界级名菜。

请注意，宫保鸡丁，“保”才是它的正确打开方式。相传此菜的创始人为晚清名臣、贵州人丁宝桢，他在贵州时就爱吃糍粑辣椒加花生米炒的鸡丁，这种做法是宫保鸡丁的前身。丁后调任山东巡抚，加封太子少保，人称“丁宫保”。在山东，家厨根据丁宝桢的指导，用山东的爆炒办法来炒鸡丁，已经很有名气。丁宝桢任四川总督时，对这道菜的做法更加考究，他经常用这道菜来宴请宾客，使这道菜的名气越来越大，最后正式定型为“宫保鸡丁”。也因此，这道名菜究竟属于哪个菜系，就成为一笔糊涂账，川菜、鲁菜、贵州菜都声称拥有它的最终解释权。

宫保鸡丁称得上是老少咸宜的万年下饭菜，并且一直深受人们喜爱。京剧大师梅兰芳最爱吃北京峨眉酒家的宫保鸡丁；克林顿访华时也戏称对宫保鸡丁的印象最深，在四川、上海访问期间必点此菜。

宫保鸡丁好在哪里？首先，肉必须选取剔骨鸡腿肉，既嫩滑，又有嚼劲。其次，火候讲究“刚断生，正好熟”。最后成菜“只见红油不见汁”，色泽鲜红，鸡丁松散嫩滑，花生香脆爽口，入口先甜后酸，再咸鲜，略出辣椒香，最后透出椒麻，是经典的“荔枝味”。还要说一句，正宗的宫保鸡丁没有其他配菜，盘里有黄瓜丁、胡萝卜丁的，都是“耍流氓”！

食材

主料

鸡腿	200g
花生米	50g
葱	50g

1 鸡腿

鸡肉本身肉质鲜美，较少有腥味，可以运用到多种菜品中。鸡腿部分肉厚又筋道，是上好的食材。

2 花生米

花生米是川菜中重要的调剂食材。

配料

干辣椒	5g
刀口辣椒	2g
花椒	2g
料酒	25g
盐	5g
白糖	20g
醋	15g
味精	5g
淀粉	10g
姜米	2g
蒜米	2g
油	10g
食用油	适量

1	2
3	4
5	6

步骤

1. 鸡腿剔骨，注意将筋斩断，切成丁。
2. 将葱切成段，干辣椒切成节。
3. 鸡肉丁加盐、淀粉，裹粉、码味。
4. 用料酒、醋、白糖、淀粉、盐、味精兑好宫保汁。
5. 热锅加油，将油烧至温热，依次加干辣椒节、花椒、姜米、蒜米、鸡肉丁，炒散籽。
6. 加花生米、葱段、宫保汁，翻炒起锅。

宫保鸡丁：成菜色泽鲜红、散籽油亮、辣香酸甜，鸡肉滑嫩爽口。因宫保鸡丁的成功，演化出了“宫保味”“宫保菜”，其味型都属于川菜二十四味型中的荔枝味型。

TIPS

作为川菜中荔枝味型的代表，宫保鸡丁的烹饪重点就在于宫保汁的调配，依照菜谱中的糖醋用量搭配，使糖与醋的搭配得当，可保证鸡肉入味，汤汁香浓。

扫一扫了解更多

传世 No.2

合川肉片

没有红艳艳的辣椒，也没有油亮亮的汤汁，乍看上去不像川菜的合川肉片，是川菜荔枝味型的代表，是一道有着“小重庆”之称的合川的地方名菜。

合川肉片的来历说法较多，通常认为是百余年前合川一家饭馆的厨师在偶然间创制。该厨师在打烊后将卖剩下的肉片集中起来，用鸡蛋液和淀粉调成的糊包裹肉片，再下锅煎，最后加多种辅料和调味料烹炒成菜。此外还有南宋创制说和清朝创制说。

这道菜之所以名扬巴渝，得归功于合川得天独厚的码头文化。在嘉陵江、涪江、渠江三江交汇的合川，来自重庆、四川的力夫或商贩们，吃一盘合川肉片，叹两声水长路远，最终使得这道貌不惊人的菜在人们的口耳相传间红遍川渝。

正宗的合川肉片选肉颇为考究。肉是前夹肉或前臀尖肉，肥瘦均匀，肉质细嫩，烹制后嚼得动、吃起香。爱肥者则可选三线肉，喜瘦者可选腿尖肉。制作过程中最考验功夫之处就是对油锅火候的掌控，过猛容易炸煳。合川肉片成菜色香味俱全，通体金黄、外酥内嫩、咸鲜溢香，再配上雪白的玉兰、青翠的葱段，给人清新雅致之感。

如今的川菜馆鲜有合川肉片这道菜在售了。究其原因不光是因为食客偏爱新口味，还因为其制作精细、过程繁复，使得餐馆放弃做这道菜了。如今随处能吃到的，多为盒装合川肉片，其形更像一份小吃。想要大快朵颐，品尝慢工细活下的美味，怕只有在家中自己烹饪了。

食材

主料

腿尖肉	150g
黑木耳	25g
玉兰片	50g

腿尖肉

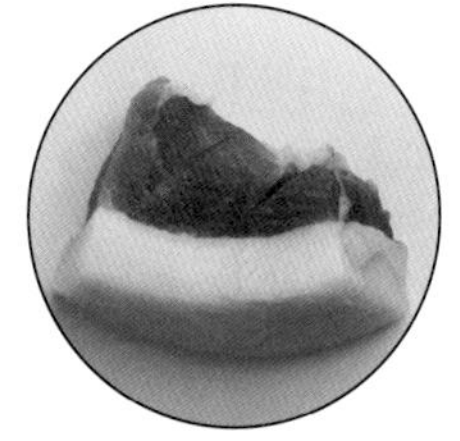

腿尖肉是猪的大腿肉，这部分是整块的瘦肉，脂肪含量极少，色泽红润，肉质筋道，适合煎炸。

黑木耳

黑木耳是常见食用菌，营养丰富，烹饪后爽脆可口。

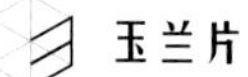

玉兰片

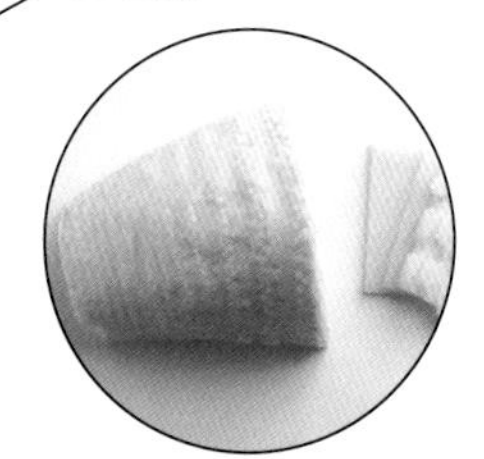

玉兰片是由竹笋切片加工而成，片薄而脆，适合搭配多种菜品共同烹饪。

配料

料酒	5g
糖	20g
醋	15g
盐	2g
味精	2g
姜片	5g
葱段	20g
菜籽油	适量
淀粉	适量
鸡蛋	1个

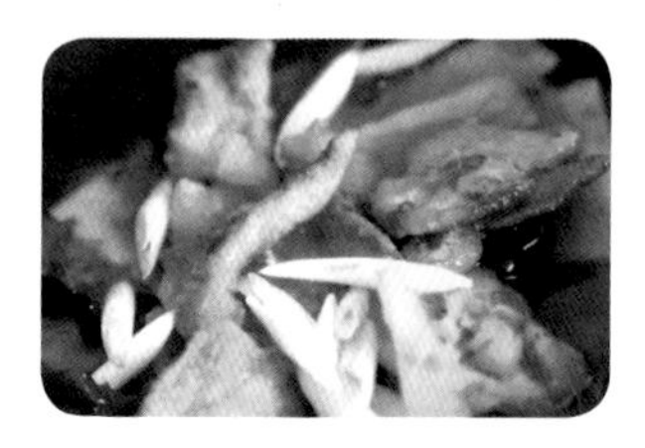

步骤

1. 腿尖肉切片，玉兰片焯水，黑木耳泡发；备好配料，待用。
2. 用盐、蛋黄、淀粉、清水将肉码味裹粉。
3. 菜籽油加热后，放入肉片，翻面煎炸，至肉色金黄，夹出锅备用。
4. 放入葱段、姜片，加水调味，煮开后，捞出葱段、姜片，放入木耳、玉兰片。
5. 勾芡，放醋、糖，放入炸好的肉、剩余的葱段，翻炒几下起锅。

1
2
3
4
5

合川肉片：是川菜荔枝味型代表，但知名度不如宫保鸡丁。因制作繁杂已大多从堂食菜品变成了盒装小吃。

秘诀

TIPS

合川肉片之所以脆香而滋味浓郁，缘于这道菜独特的烹饪方式。将肉切好，码味，裹粉，先煎再炸。但要格外注意，油不宜多，先将肉两面翻煎后，再炸一会，这样才能让肉片干脆。另外调兑味汁也是重要的一环，要保持合川肉片的原汁原味，味汁不可忽视。

扫一扫了解更多

传世 No.3

红烧牛腩

秋冬季节，牛肉是家宴上的常见食材。牛肉富含的蛋白质和氨基酸结构比猪肉更接近人体需要，能提高机体抗病能力，促使生长发育，对术后、病后调养的人有补血、修复组织等功效。

牛肉的做法很多，川菜中最受人们喜爱的就是红烧牛腩。红烧牛腩在四川人的口语中常简化为“土豆烧牛肉”，牛腩的软弹和吸满了油香的土豆，两者搭配，成了无数巴蜀人的经典回忆，也成为当代街头巷尾保留的传统菜品。

食材

主料

牛腩	500g
土豆	300g

牛腩

牛腩即牛腹部及靠近牛肋处的松软肌肉，是指带有筋、肉、油花的肉块，是牛肉中最适合红烧的类别。

土豆

土豆，又称马铃薯，是世界范围内的常见食材，适合炒、红烧等多种烹饪方法。

配料

豆瓣	5g
干辣椒	10g
花椒	1g
姜片	10g
葱段	15g
山柰	3g
八角	2g
草果	2g
味精	3g
白糖	3g
料酒	20g
食用油	适量
盐	5g

1	2
3	4
5	6
7	

步骤

1. 先将牛腩切成大块，下水煮熟，去血泡。
2. 土豆切块，准备好配料。
3. 牛腩煮熟后捞出，等冷却后，切成小块。
4. 热锅加油，待油热后，下姜片、葱段、豆瓣及各种香料，炒香。
5. 下牛肉翻炒，加入花椒、干辣椒，继续翻炒。
6. 加水、料酒、盐、味精、糖调味，将锅盖盖上，焖烧 4 小时。
7. 待牛肉烧熟后，加入土豆，继续炖至土豆熟透，起锅盛盘。

红烧牛腩：焖烧过程中，当锅烧开且五香味与麻辣味缭绕时，将火调成文火慢炖。时间累积而成的菜品，色泽红亮，土豆沙软，牛肉香糯，瘦肉筋道，肉筋弹口。

TIPS

红烧牛腩成功的秘诀在于牛腩不干不散，入味香糯，所以在烧制过程中要随时关注牛腩的变化，小火慢炖，切不可烧干过火。

扫一扫了解更多

传世 No.4

琥珀桃仁

堪称“补脑神器”的核桃营养丰富，但是生食并不好吃，浓重的苦涩味几乎就是童年阴影。不过，这可难不倒吃货，琥珀般晶莹剔透的脆硬外衣，包裹着滋味香浓的核桃仁，既营养健康，又不失口感和萌萌的外形。苦涩的核桃仁就这样摇身一变，成了这道香酥可口、清甜不腻、老小皆宜的磨牙零嘴儿了。

琥珀核桃大致有北派和南派两种做法，简要地说，北派是先炸熟核桃仁，再放进糖汁里搅拌，而南派正好相反。琥珀核桃的做法很简单，新手也能快速学会，难的是如何把核桃仁完整地剥出来。这里教给大家一个小窍门，将核桃或蒸或煮，加热一下，核桃皮热胀冷缩，只需轻轻一敲，核桃仁就可以很完整地剥出来了。

食材

主料

核桃仁	200g
白芝麻	2g

1 核桃仁

从干核桃中取出的核桃仁，色泽为灰褐色，口感香脆，营养丰富。

2 白芝麻

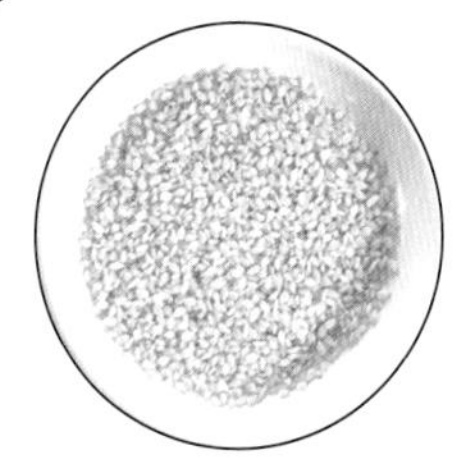

白芝麻色泽洁白，颗粒饱满，香味醇厚，在烹饪中使用，可以提高食材的口感，增加菜品的香味。

配料

白糖	50g
油	适量

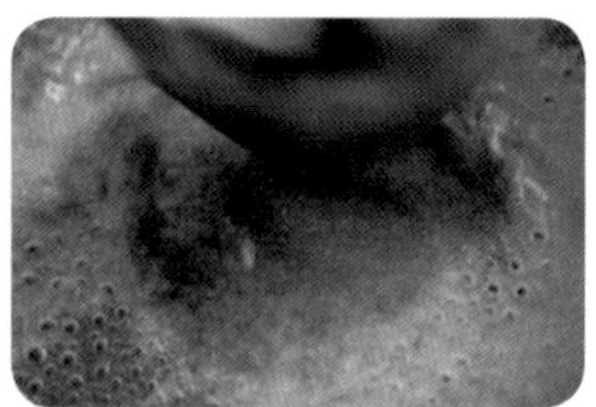

1	2
	3
	4

步骤

1. 将核桃仁煮熟，然后剥皮。
2. 砂锅中加水烧开，放入白糖，将白糖熬化。
3. 将核桃仁倒入白糖水中，小火煮，到水差不多干后，捞出核桃仁。
4. 热锅加油，待油烧热后，加入煮好的核桃仁，炸至干脆，起锅撒上白芝麻即成。

琥珀桃仁：是川菜传统的甜品菜，取剥皮煮熟后的核桃仁，再裹上一层糖浆，炸至干脆，撒上芝麻，放凉即食。晶莹剔透的核桃仁在阳光下闪闪发光，吃上一颗，干酥香甜，好像回到了小时候玩闹的黄葛树下。

TIPS

作为一道传统的甜品菜，对白糖的运用很考究。熬制的糖汁要做到不稀不稠，这样核桃仁才能均匀地挂上糖汁，成品才能甜而不腻、香酥诱人。要实现糖汁浓稠适度，就要靠水的用量来调节，以维持稳定的浓度，在制作过程中应随时观察、调节水量。

扫一扫了解更多

传世 No.5

豆腐鲫鱼

豆腐配鲫鱼，这是相当经典的搭配，但若以为豆腐鲫鱼只能拿来熬汤，那就太缺少想象力了。传统川菜中的豆腐鲫鱼麻辣鲜嫩烫，一样都不少。鲫鱼、老豆腐配以泡椒酱、豆瓣酱等经典川菜调料烧制，豆腐吸收鲫鱼的鲜味，鲫鱼浸满香辣的味汁。这样的组合让人惊艳，用来佐酒、下饭，当然都是“棒棒哒”！

一样菜，鲜香麻辣各有所长。

食材

主料

鲫鱼	5 条（约 500g）
豆腐	250g

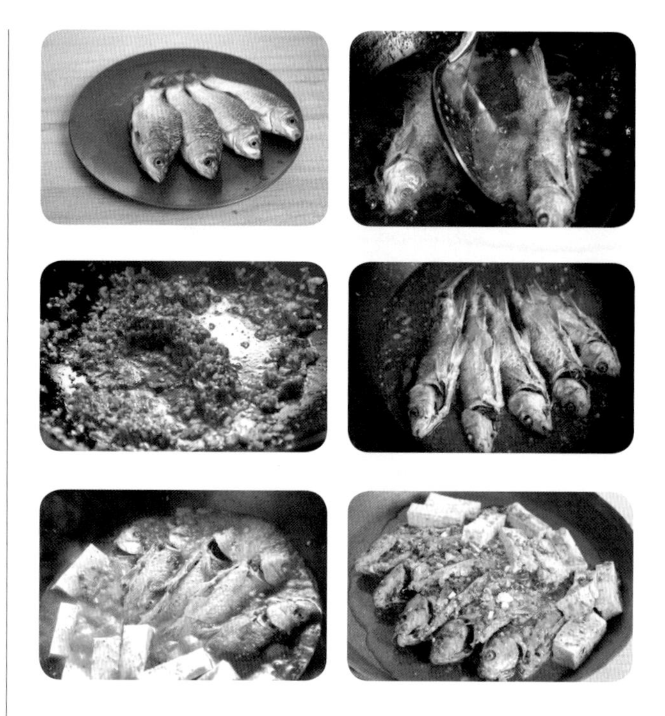

1	2
3	4
5	6

1 鲫鱼

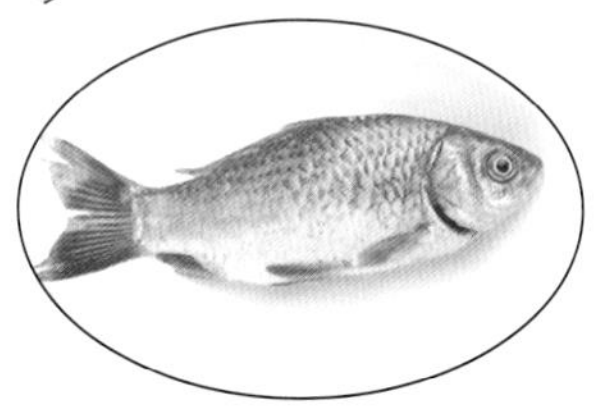

鲫鱼营养价值高，肉质细嫩，体形较小，适合各种烹饪。

2 豆腐

又称为水豆腐，南方的豆腐质地细嫩，水分含量高，是我国的传统食品，美味养生。

配料

姜	10g
蒜	10g
豆瓣	15g
泡椒	10g
花椒	1g
盐	2g
味精	2g
醋	1g
水芡粉	10g
料酒	5g
油	200g
辣椒面	5g
葱花	少许

步骤

1. 将鱼处理干净，将姜、蒜剁碎成姜、蒜米，将豆腐切成条，放置待用。
2. 将油烧熟，放入鲫鱼，炸至籂皮，起锅。
3. 热锅加油，待油温热，依次加入姜米、蒜米、豆瓣、泡椒、辣椒面、花椒炒香。
4. 加水，煮开，放入炸好的鱼。
5. 放入豆腐，加盐、味精、醋、料酒，焖烧 10 分钟。
6. 勾芡，撒葱花起锅。

豆腐鲫鱼：是川菜中的风味名菜，荤素交融，挑选新鲜的江河鲫鱼，备上新点好的豆腐，经过文火慢焖，使得食材滋味浓郁，麻辣鲜嫩烫，一样不少。

秘诀 TIPS

豆腐鲫鱼是一道烧菜，讲究入味，所以在烧制时要小火慢炖，让汤汁充分进入到鱼肉与豆腐中。在起锅前，要勾芡收汁、亮油，使汤汁黏稠而裹在食材上。

扫一扫了解更多

传世 No.6

酿苦瓜

作为网络票选最难吃蔬菜冠军的苦瓜，是所有业余家庭大厨最难攻克的难关，哪怕苦瓜的营养价值很高，对许多人来说，每次下咽都是勉为其难。

酿苦瓜用猪肉的甘味去调节和中和苦瓜的苦味，再加之咸味的烹调手段，使苦瓜的苦味依存，而又不失清香爽口。清蒸的烹饪手法，又使酿苦瓜咸鲜脆嫩、清淡爽口，不但有清热解毒、明目败火、开胃消食之效，还因为是蒸菜，又可暖胃益气。

主料

苦瓜	400g
夹子肉	200g

苦瓜

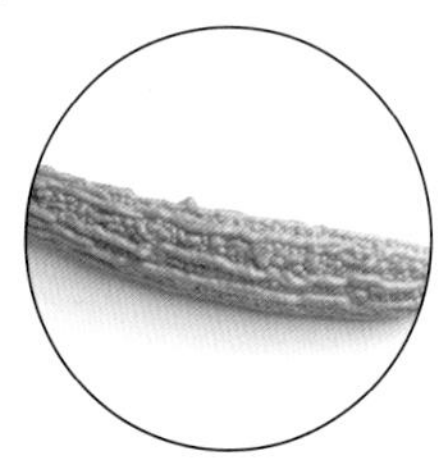

苦瓜味道甘苦，多在夏季食用，可制汁、凉拌、炒制等，是解暑的上好食材。

夹子肉

夹子肉是猪的前腿与猪身相连的部位。这部分的肉，肉质细嫩，瘦肉较多，在四川地区是做香肠的必备之选，因为其肥瘦配比适当，也是做肉馅的最佳选择。

配料

盐	2g
味精	3g
姜片	5g
葱段	5g
糖	2g
姜米	3g
生粉	适量

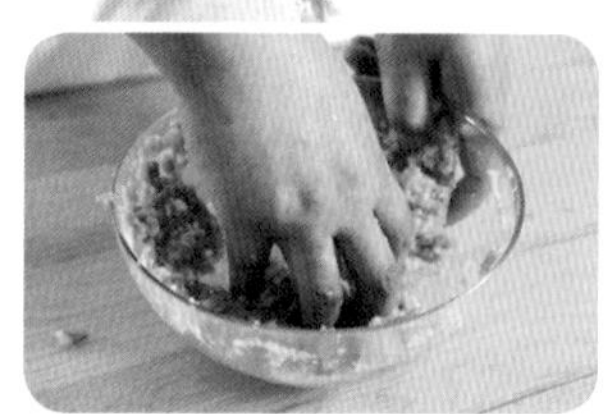

1	2
3	4
5	6
7	

1. 将夹子肉切碎，剁成肉末，准备好配料。
2. 苦瓜去两头，将中间的瓤戳穿去除。
3. 加水，待水烧开后，下苦瓜，将苦瓜煮熟，以减少苦味，捞出。
4. 准备盐、糖、姜米、味精、清水，将肉码味，拌料。
5. 将拌好的肉末灌入苦瓜中。
6. 灌好的苦瓜放入蒸笼里，蒸 10 分钟，苦瓜蒸好，切块，装盘。
7. 热锅加油，下姜片、葱段炒制，再加水，勾芡，水烧开后捞出姜葱，倒在装好盘的苦瓜上。

酿苦瓜：苦瓜虽苦，但营养价值高，父母的饭桌上通常少不了它。酿苦瓜是川菜中的冷盘菜，将苦瓜掏空，加上肉末，滋味甘甜清爽，口感更加丰满。

TIPS

将灌好肉的苦瓜放进蒸笼蒸制时，注意时间不宜过长，只要肉熟透了即可，否则会破坏苦瓜的味道。成菜时苦瓜的清香与肉末的甘甜交织，是这道菜的独特之处。

扫一扫了解更多

传世 No.7

水煮肉片

在不了解川菜的外地人、外国人眼中，水煮肉片肯定要算是川菜中的“标题党”，本以为是一道开水煮肉片的清淡口味，没想到却是一场麻辣的盛宴。

水煮肉片起源于 20 世纪 30 年代，由川菜小河帮自贡名厨范吉安所创制，因肉片未经滑油，以水煮熟而得名。成菜淋上一勺热油，将味道全部“敞亮”在空气中，毫不掩饰。这肆意的味道，就是川菜。

食材

主料

夹子肉	150g
空心菜	200g

1 夹子肉

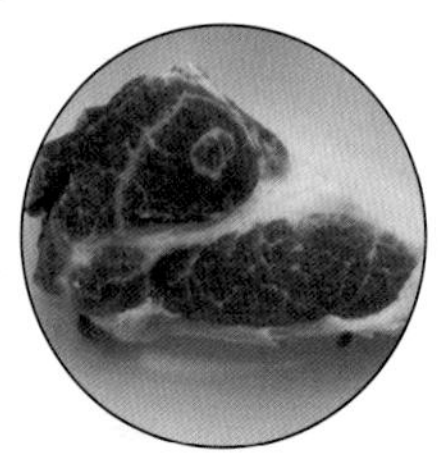

夹子肉指猪的前腿与猪身相连的部位。这部分的肉，肉质细嫩，瘦肉较多，在四川地区是做香肠的必备之选。又因其肥瘦配比适当，也适合于做小炒肉、红烧肉、水煮肉片等，烹饪出来的肉片顺滑不油腻。

2 空心菜

又名藤藤菜、通心菜等，是夏季常见蔬菜，口感清爽可口。

配料

豆豉	5g
姜米	3g
蒜米	3g
豆瓣	20g
辣椒面	10g
味精	2g
盐	2g
淀粉	2g
糖	2g
料酒	5g
淀粉	10g
葱花	10g
油	50g

1	2
3	4
5	

步骤

1. 夹子肉切片、空心菜理好淘洗后备用，准备好其他配料。
2. 用清水、盐、淀粉将肉码味裹粉。
3. 锅加油烧热，放入空心菜，炒熟后捞起；下姜米、蒜米、豆瓣炒香，再放入豆豉、辣椒面翻炒，加水，烧开。
4. 锅中加入糖、盐、味精、料酒调味，下肉片。
5. 待肉片煮熟后起锅，撒上辣椒面、蒜米；热油，将热好的油淋在菜品上，再撒上葱花。

水煮肉片：可谓尽得川味之精髓，百味辛香，都在其中：肉片滑口，汤汁香辣，大碗盛上来，鲜红油亮，闻之生津，吃之过瘾。

TIPS

水煮肉片是由水煮鱼改良而来，顾名思义，炒料后加水熬成汤汁，再下肉片烹煮。这道菜成功的关键就是要掌握好火候，讲究小火慢煮，让汤汁浸入肉中，这样既保持了肉的嫩度，又让肉味更加香浓。

扫一扫了解更多

传世 No.8

原笼玉簪

也许你想不到传统川菜中也会有如此雅致的菜名，其实它就是一笼“不走寻常路”的粉蒸排骨。

原笼玉簪是重庆厨师曾亚光在 1980 年创制，乍一看就是粉蒸排骨，但仔细一瞧，笼里热气腾腾、浓香扑鼻的那一溜排骨，又与众不同。原笼玉簪中的排骨，是将猪肋骨从肉缝处切开成长段，再剔掉两端的肉，露出骨头，形似古代妇人头上戴的玉簪，光卖相就妙不可言了。

粉蒸菜是川菜里较为符合现代饮食观念的菜品，零油烟、营养流失少，做起来又省事，深受养生人士的喜爱。而且原笼玉簪外形好看，肉质鲜嫩不腻，软烂入味，特别适合秋冬季食用。

食材

主料

猪排骨	400g
红薯	250g
蒸肉粉	100g

1 排骨

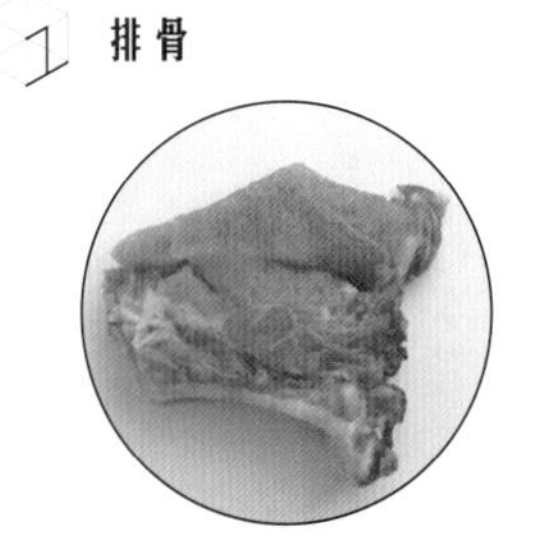

猪排骨味道鲜美，富含蛋白质、钙等，是滋补的上好食材。

2 红薯

红薯味甘甜、果肉绵香，或烤或煮，都香糯滑口。

3 蒸肉粉

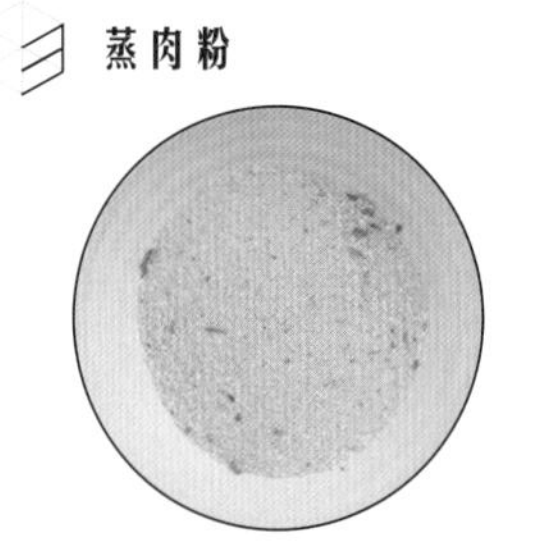

蒸肉粉是以大米为主料，再加上调料而制作的。好的蒸肉粉清香绵软，香味浓郁。

配料

豆瓣	20g
辣椒面	5g
葱	2g
花椒面	2g
味精	5g
白糖	5g
料酒	50g
姜米	5g
盐	5g

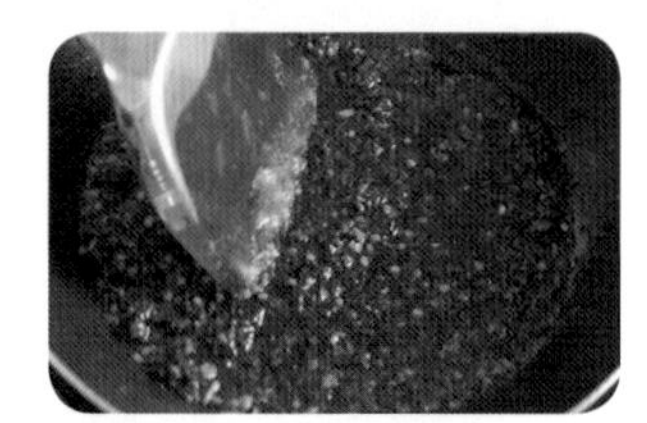

步骤

1. 排骨剁成块，红薯切条，葱切成葱花，其他配料准备好。
2. 热锅加油，下姜米、豆瓣、辣椒面，炒香，加入白糖、味精、料酒调味，盛出拌料。
3. 排骨用盐水、炒好的拌料、蒸肉粉混合拌好。
4. 红薯、排骨依次放入蒸笼，盖上盖，大火蒸 20 分钟。
5. 蒸好后，撒上花椒面、葱花。

1
2
3
4
5

原笼玉簪："原笼"是指竹制小蒸笼，"玉簪"是指排骨蒸熟之后，形似头饰"玉簪"，"原笼玉簪"就此得名，豪爽的川菜也有雅名如此！做好的成菜，排骨柔软利口，味道咸、甜、麻、辣，粉蒸味道香浓。

TIPS

原笼玉簪是一道蒸菜，与酿苦瓜不同的是，这道菜需要大火猛蒸，利用充足的蒸汽让拌料进入肉中，同时让肉更加香糯。

扫一扫了解更多

家常

美食，是内心最深处的乡愁。于四川人而言，故乡是逢年过节妈妈磨的一大碗豆花，是街巷深处苍蝇馆子里的鱼香肉丝，是晨光初现时的麻辣小面……时光将味道烙在了味蕾之上，随生而生，永不磨灭。无论去过多少地方，吃过多少珍馐佳肴，最怀念的，还是家乡的家常菜。在很多年之后，家乡的味道依然是内心最柔软、温馨的记忆。

在我们熟知的八大菜系中，只有川菜是以家常菜为主，其制作并不追求奇珍异类，更不崇尚奢华享受。

川菜的家常特质，渗透进巴蜀人的血脉与情感生活，与其生命一起跳动。巴蜀大地“好吃狗”遍地，上至文艺名

流，下到贩夫走卒，概莫能外。远有杨慎、李调元、傅崇榘等人为巴蜀美食著书立说，近有作家李劼人名噪一时的“小雅”食店，革命烈士车耀先的“努力餐”川菜馆甚至历经七十年风雨不改，仍然把那些叫回锅肉、鱼香肉丝、麻婆豆腐的家常滋味演绎得风生水起。

富庶的巴蜀大地造就了也许是中国内地最具平民精神和大众意识的巴蜀文化，而这种文化也理所当然贯穿于百年川菜的发展变化之中。川菜维持着简约的风格，同时也彰显着中华民族的朴素之道。川菜普遍使用的食材，几乎都是菜市场随处可见之物，只是在烹饪时佐以不同滋味、不同比例的调料，将食物的色香味发挥到极致。但是，川菜绝不是一个调料堆砌而成的菜系，而是一种深度悠远的味觉体验。川菜大师们擅长将常见食材烹饪出无与伦比的美味，而相同的菜式与做法，换在勤勉持家的妇人手里，又会演化成另外一种滋味。

家常 No.1

鱼香肉丝

鱼香肉丝是一道传统川菜，以鱼香调味而得名。相传灵感来自老菜泡椒肉丝，民国年间由四川籍厨师创制而成。鱼香肉丝这道菜的名称，是抗战时期由蒋介石的厨师最终定名的，并流传至今。

鱼香肉丝的做法和调汁需要一定的功夫，包含了甜、咸、酸、辣、鲜、香等口味，原料跟鱼搭不上边，却能吃出鱼香味。也许正是这个特色才使得这道著名川菜风靡全国,经久不衰。所谓的“鱼香”，主要来自泡红辣椒、泡姜、糖、醋、料酒、酱油的调配，其中泡红辣椒是不可缺少的一部分。传说最最正宗的鱼香肉丝是用鱼辣子泡椒做出来的。鱼辣子是在泡辣椒的时候加入小鲫鱼一起腌渍半年，泡椒即带上鲫鱼的鲜香味道，用此调料才能做出正宗的川式鱼香味儿。

最后要强调的是，正宗的鱼香肉丝不但没有鱼，也没有其他任何配菜，那些加了木耳、青椒、笋丝、莴笋之类的，都不是正宗的。

食材

主料

里脊肉	150g
大葱	25g

1 里脊肉

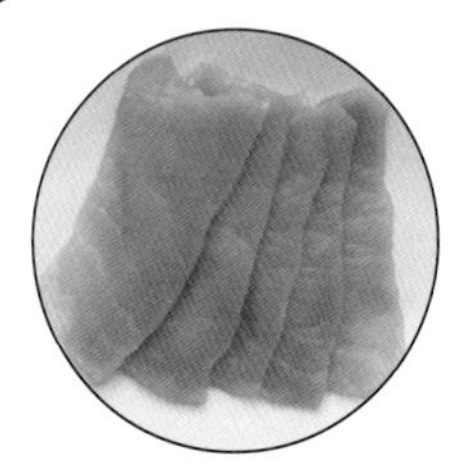

里脊肉通常是指与大排骨相连的瘦肉，容易切丝切片，肉质细嫩滑口，适合煎、炒等烹饪方法。

2 大葱

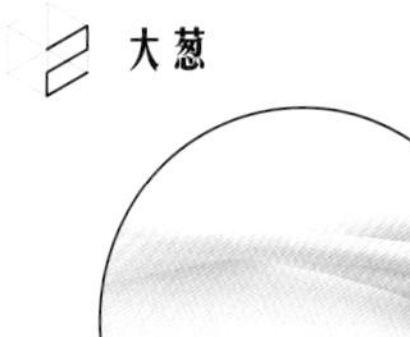

在鱼香肉丝中取大葱茎秆切小段作为辅料，大葱味道辛香，有提升味道的作用。

配料

姜米	10g
蒜米	10g
泡椒	20g
糖	20g
醋	10g
盐	1g
味精	2g
料酒	10g
淀粉	10g
油	适量

1	2
3	4
5	

步骤

1. 里脊肉切成肉丝，大葱切段，准备好姜米、蒜米、泡椒。
2. 用醋、料酒、糖、淀粉、盐调鱼香汁。
3. 用淀粉、清水、盐将肉码味裹粉。
4. 热锅加油，油热后，下姜米、蒜米、泡椒、肉丝。
5. 下鱼香汁、葱段，翻炒起锅。

鱼香肉丝：说起哪一道最令人印象深刻的川菜，鱼香肉丝得票一定很高吧？家里、学校旁，或是远去故里，吃到过很多不同味道的鱼香肉丝，或辣，或过酸，或无味，或太咸，其中的细微变化总是千奇百怪。但更奇怪的是，无论哪种滋味，总有人觉得这就是正宗的川味。所谓百人百味，放在这难以准确把握与描述的鱼香肉丝上，也许再合适不过了。

秘诀 TIPS

鱼香肉丝是一道以软炒方法成菜的菜品，炒制的时候不过油、不换锅，讲究急火短炒，一锅成菜散籽油亮，肉丝咸甜酸辣兼备，鱼香味道浓郁。

扫一扫了解更多

家常 No.2

银杏乌鸡炖猪肚

在这个美味超出想象极限的时代，除了那些辣麻咸的重口味，至鲜至本至无的滋补靓汤也是寒冬里不可缺少的一道美食。

银杏与乌鸡均是食疗、食补佳品，附之猪肚、大枣、枸杞子、姜片，一起文火慢炖，无论是在亦真亦幻的冷雾冬晨，还是在惹人怜爱的暖阳午后，或在寒气逼人的冬夜，这一碗暖暖的汤水，都尽显川菜的柔情似水，时光暖食沁人心脾。

主料

猪肚	100g
乌鸡	150g

1 猪肚

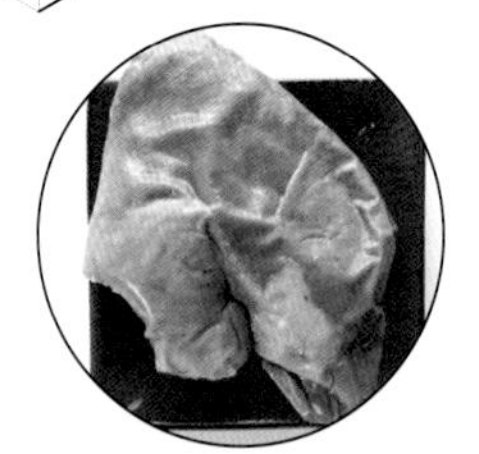

猪肚为猪的胃，洗净滑腻污物后烹调食用，口感层次鲜明，细腻滑嫩。猪肚含有蛋白质、脂肪、碳水化合物、维生素及钙、磷、铁等，具有补虚损、健脾胃的功效，适用于气血虚损、身体瘦弱者食用。

2 乌鸡

乌鸡又名乌骨鸡、武山鸡，已有400多年的养殖历史。乌鸡的外形奇特，典型的乌鸡具有桑葚冠、缨头、绿耳、胡须、丝毛、五爪、毛脚、乌皮、乌肉、乌骨十大特征，亦有“十全”之誉。乌鸡体形轻巧、营养丰富，常用作食疗补品，是我国土特产鸡种，其中以骨色和肉色都是黑色的，为佳品。鸡肉的肉质细嫩，滋味鲜美，适合多种烹调方法，并富有营养，有滋补养身的作用。

3 银杏果

银杏果又称白果，成熟后果实呈金黄色，呈椭圆球形。主要分为药用白果和食用白果两种，药用白果略带涩味，食用白果口感清爽，适合炖汤。

4 大枣

大枣又称红枣，维生素含量高，有“天然维生素丸”的美称，营养丰富，滋味甜美，可做食疗补品。

5 枸杞子

枸杞子为枸杞植物的果实，食用药用均可，枸杞子可以加工成各种食品、饮料、保健酒、保健品等等。在煲汤或者煮粥的时候也经常加入枸杞。

配料

银杏果	20颗
大枣	1颗
枸杞子	6颗

1. 枸杞子、大枣、银杏果泡水。
2. 将鸡肉、猪肚汆水，捞出。
3. 锅中加水，加入所有材料一起文火炖2小时。

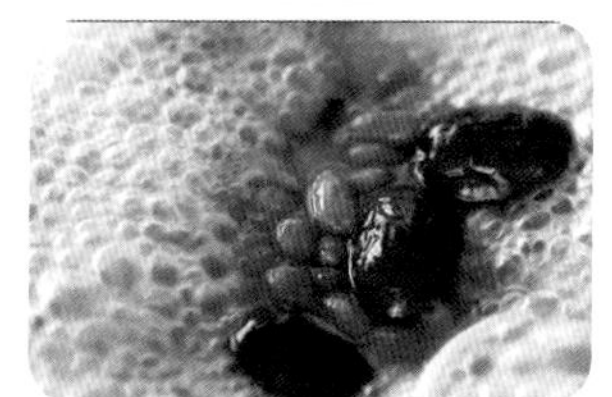

1 2 3

银杏乌鸡炖猪肚：乌鸡营养高，是食疗补品，附之猪肚、大枣、枸杞子，文火慢炖出一碗暖暖的汤，给心爱的人，也给自己。川菜中的汤，亦讲究味，用姜与花椒提味去腥，慢炖细煮，是川菜的柔情。

TIPS

炖汤时首先要保证食材的清洁，才能出好味道，所以在汆水时要将水面的血沫去除干净，或者将其捞出、洗净。再就是炖汤时的火候，要先大火烧开十分钟后，再调成小火，慢炖2小时，并随时注意汤的水量，不可多亦不可少。

扫一扫了解更多

家常 No.3

蚂蚁上树

蚂蚁上树是传统川菜中的名菜，主料为粉丝和猪肉末，因乍看上去像一只只小蚂蚁伏在树枝上而得名。

这道菜的由来据说与关汉卿笔下的人物窦娥有关。窦娥因为家穷，好不容易才从屠夫那里求来一小块肉，将其切成肉末与粉丝同煮，婆婆发现粉丝上有许多黑点子像蚂蚁一样，于是将这道菜命名为“蚂蚁上树”。这道菜后来成为川菜中的经典菜肴，粉丝吸入了肉的鲜香味道，吃在嘴里格外筋道爽滑，堪称下饭利器。

成菜粉丝滑口，加上炒好的香辣肉粒，是粉丝与肉的完美结合，是意料之外情理之中的组合。

主料

干粉丝	50g
肉末	50g
葱花	10g

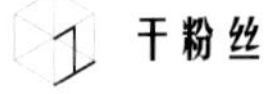

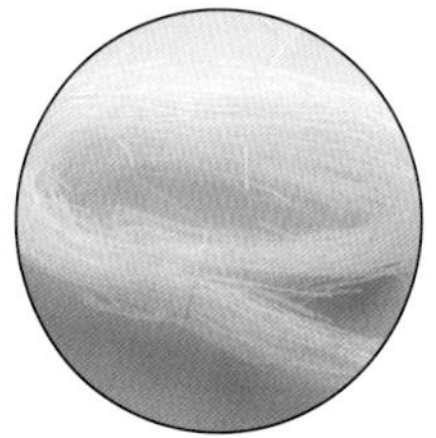

干粉丝又名龙口粉丝，是以传统工艺精制而成。其成品丝条细匀，光洁度高，透明度强，质地韧柔。

配料

豆豉	10g
豆瓣	15g
姜米	15g
蒜米	15g
辣椒面	5g
花椒	1g
盐	2g
味精	5g
淀粉	2g

1	2
3	4
5	

1. 切葱花、姜米、蒜米，将豆豉剁碎。
2. 热锅加油，油烧温后，放入干粉丝，炸泡随即起锅。
3. 炒肉末，放入姜米、蒜米、豆豉、豆瓣、辣椒面、花椒炒香。
4. 加水，再放入炸好的粉丝。
5. 加入盐、味精调味，勾芡，加入葱花起锅。

蚂蚁上树：做这道菜的关键在于“蚂蚁”得“上树”，如果你做出来的肉末没能附着在粉丝上，那就不能叫蚂蚁上树，只能算是 “臊子粉丝”。诀窍在于：一、猪肉末要剁得极细；二、干粉丝直接油炸，事先不要用水浸泡，否则粉丝会过于黏软，一下锅炒就会粘在一起，也容易变碎；三、用油要适量，汤汁要收干。只有这样，肉末才能依附在粉条之上。

TIPS

在下粉丝之前，需要将粉丝先炸一下，在普通的做法中没有这一步，但粉丝经过炸制后，起泡脆香，再下锅煮，会更加香糯弹口。依然，蚂蚁上树需要在成菜时收汁，亮油，让汤汁裹在食材上，食之，更为香浓。

扫一扫了解更多

家常 No.4

糖醋菊花鱼

“寒花开已尽，菊蕊独盈枝。”一道糖醋菊花鱼，不仅取菊花品格高洁之意，其酸甜适口的味道，还非常适合作为秋季的开胃菜。

糖醋菊花鱼的“糖醋”并非指菜中的糖醋味型，这道菜恰恰是川菜荔枝味型的代表。荔枝味型是指如刚上市的新鲜荔枝一般的酸甜适口的悠长滋味，虽然也是以糖、醋、盐为主，但因为糖醋比例的不同，与糖醋味型有明显的区别。荔枝味型中的糖醋比例是醋多于糖，给人的味觉体验是“破(进)口酸、回口甜”，爽口鲜腻，口味悠长。而糖醋味型给人的口感则是甜酸并重，味浓鲜香。

要做好一道糖醋菊花鱼，除了注重调料比例之外，刀工也相当讲究。要把鱼肉切出纤细秀美的菊花造型，只能是勤加练习了。

食材

主料

草鱼	1000g

1 草鱼

草鱼肉嫩而不腻，是“四大家鱼”之一。

配料

姜	3g
葱	3g
味精	3g
白糖	25g
醋	15g
生粉	适量
盐	适量
料酒	适量
油	适量
水芡粉	适量

1

2

3

4

步骤

1. 草鱼洗净改刀，去骨，将肉剔下，改刀花形；切好葱段、姜片，准备好配料。
2. 鱼肉用盐、料酒混合码味，裹上生粉。
3. 热锅加油，将油烧热后，下鱼油炸，炸至金黄，捞出装盘。
4. 下姜片、葱段，加水，放入盐、味精，水烧开后，将葱、姜捞出；勾芡，加醋、白糖稍等片刻起锅装盘，在炸好的鱼上挂糖醋汁。

糖醋菊花鱼：这道菜色彩美观，先将鱼肉制成菊花造型，再下锅油炸，挂上酸甜糖醋汁而制成，味鲜香醇厚，是川菜中酸甜荔枝味型的代表菜品，在川人的宴席上是必不可少的一道菜。

TIPS

切好的鱼肉下油锅浸炸时，要保持油温稍高温度，要炸至鱼皮金黄色，这样在后面烧制的过程中，才能使鱼肉肉质外酥内嫩，皮紧不散。也可以用番茄汁代替糖醋汁，做成酸甜味，当然味道会有所不同。

扫一扫了解更多

家常 No.5

糖醋排骨

“糖醋味”本是浙江菜中一种特色口味，常用于炸熘以及焦熘菜品等，于明末传入四川，糖醋排骨就是川菜中具有代表性的大众喜爱的传统糖醋菜中的一道美食。

糖醋排骨采用的是炸、收的烹饪方法，选用新鲜猪仔排作主料，肉质鲜嫩，成菜色泽红亮油润，口味香脆酸甜，颇受喜食者的欢迎，是一款极好的下酒菜或是开胃菜。糖醋排骨还是许多吃货们内心深处的阴影，一次名为“最难做的川菜”的网络投票表明，在7000多道传统川菜中糖醋排骨高居榜首，得票数远远高于第二名。在网友反馈的“槽点”中，不是糖和醋的比例调和不对，偏甜或者偏酸，就是火候掌控欠佳，一不小心就做成了黑暗料理。在做糖醋排骨时，糖和醋的比例可根据自己喜好的口味选择4:3，或5:2，或3:2，通常是糖略多、醋略少。而最后最关键的收汁，可以加淀粉勾芡，若汁多就开大火，待汤汁黏稠，可以包裹住排骨即可。

食材

主料

排骨	500g

排骨

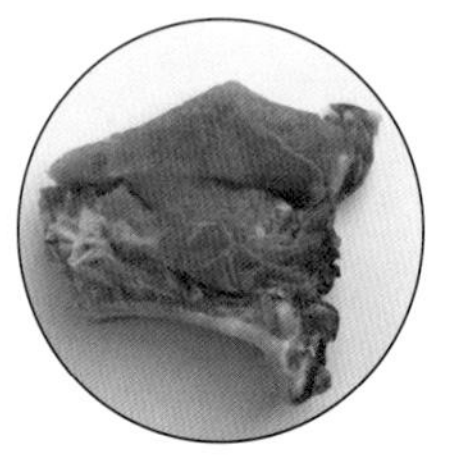

猪排骨味道鲜美，富含蛋白质、钙质等，是滋补、食用的上好食材。

配料

姜	3g
葱	3g
盐	3g
糖	50g
醋	20g
味精	2g
料酒	10g

1	2
	3
	4

步骤

1. 排骨剁成 7 厘米长的小块，切好姜片、葱段。
2. 热锅加油，放入葱段、姜片，加入排骨，爆炒炒香；加入料酒，继续翻炒。
3. 加水，将葱段、姜片夹出，用漏勺打去泡沫，加入盐、糖、醋、味精，调味。
4. 煮至锅中还有少许水，翻炒，起锅。

糖醋排骨：这道菜用炸、收的烹饪方法成菜，成色棕红油亮，口味酸甜，排骨肉酥而离骨，老少皆宜。

TIPS

糖醋味汁的搭配是这道菜的关键，按照排骨的量搭配味汁，才能保证成菜味道均匀，酸甜适口。此外，在最后炒糖色时，亮油即可，不能炒制过久，让汤汁变干。最后，最好用红糖或者冰糖收汁效果更好。

扫一扫了解更多

家常 No.6

番茄丸子汤

番茄丸子汤，可以说是川菜中最“街头”的家常菜。寻常街巷，不论是酒店、快餐店还是面馆，都有番茄丸子汤，当然，做得好坏另当别论。

什么是生活呢，就是这样吧，简单却滋味美好着。

食材

主料

肉末	250g
番茄	2个

肉末

将肥瘦肉混合，剁碎制得肉馅，这样的肉馅才滑而不腻，肥瘦适口。

番茄

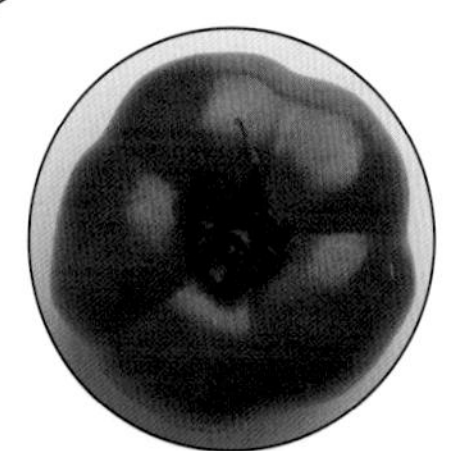

番茄果实营养丰富，酸甜可口，生食、烹饪或制成番茄酱，都是不错的选择。

配料

姜米	3g
盐	2g
味精	3g
白糖	5g
鸡蛋	1个
淀粉	10g
糖	5g
葱花	10g

1	2
3	4
5	

步骤

1. 准备好肉末，切好配料。烧开水，下番茄烫煮，捞出剥皮，切成丁。
2. 热锅加油，下番茄炒至翻沙，加水，烧开。
3. 用盐、姜米、清水、鸡蛋清及少许淀粉和好肉末。
4. 汤烧开后，用勺子舀丸子下锅。
5. 调味，加入味精、盐、糖，煮熟起锅，撒葱花。

番茄丸子汤：番茄丸子汤是川人饭桌上常见的汤菜，看似简朴，却一口也少不得。鲜亮红润的汤汁，撒上一把细碎葱花，番茄的酸甜融于汤中，肉丸在汤中翻滚，既浓郁又清香，就着制好的咸菜，只需要一碗饭，不管是身在何处，都可满足眷恋家乡的胃。

秘诀 TIPS

番茄丸子汤最不可少的就是番茄自带的酸甜味，所以要将番茄的味道烹制出来很是关键。诀窍就在于炒番茄时要将番茄炒至翻沙，在煮汤时番茄的味道才能充分熬出来。另一个重点是丸子需要上好“劲”，就是在制作过程中保持丸子的肉质鲜嫩、弹口，不散不干。要做到这样一是要把握加入的各种味料的比例，二是最好按一个方向搅拌。

扫一扫了解更多

家常 No.7

干煸鳝鱼

提到鳝鱼，很多人都觉得它口味重而无法下嘴。但四川有句土话：“鸡鱼蛋面，当不得火烧黄鳝。”可见鳝鱼富有营养，肉质细嫩，实乃人间美味。

干煸鳝鱼原为清光绪年间陕西三原名厨张荣所创，深受国民党元老于右任的喜爱。此菜传入西安后，又辗转南下，经几代四川名厨改良，如今成为一道川味名菜，是桌上的佐酒佳品。川味的干煸鳝鱼，将陕味中的绍酒和醋，替换为料酒、郫县豆瓣和花椒，又加重了辣椒，使这道菜更为麻辣鲜香。讲究点的美食家做这道菜时，通常是选取小暑、端午前后的黄鳝为原料，活杀且不洗血，以保持肉质的细嫩。

在家做干煸鳝鱼，须得掌握好干煸技法和火功，鳝鱼下锅后要不停地颠炒，方能保证肉质酥香，不焦不软，达到“酥中有软，软中带酥”的境界。

食材

主料

鳝鱼	250g
黄豆芽	250g

鳝鱼

鳝鱼又称为黄鳝、山黄鳝，肉质细嫩，营养丰富，刺少肉多，是常见的食材。

黄豆芽

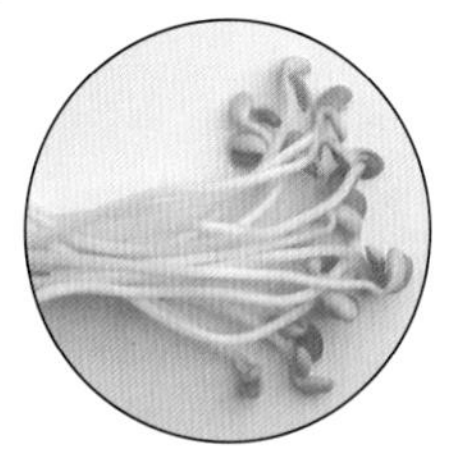

黄豆芽又名豆芽菜、大豆芽等，口感爽脆，适合多种烹饪方式。

配料

姜米	3g
蒜米	3g
豆瓣	15g
辣椒面	5g
花椒面	2g
料酒	3g
糖	3g
味精	3g
盐	2g

1	2
3	4
5	

步骤

1. 鳝鱼切丝，黄豆芽去头去尾，切好姜米、蒜米，准备好配料。
2. 热锅加油，待油烧热，下鳝丝，将鳝丝炒熟，煸干。
3. 加料酒、黄豆芽，继续煸炒，至汁水收干。
4. 下姜米、蒜米、豆瓣，炒香，再与鳝丝、黄豆芽混炒，后加料酒，再放盐、味精、辣椒面调味。
5. 起锅，撒上花椒面。

干煸鳝鱼：这道菜将鳝鱼丝入锅，在中火上用微量菜油反复煸炒，使之油酥返软。把酥与软巧妙地融合于一体，正是这道菜火功上的独到之处。成菜干香不焦煳，酥软不枯硬，味道麻辣咸鲜，将鳝鱼的精华滋味尽收菜中。

秘诀

TIPS

干煸鳝鱼烹饪的重点在于鳝鱼的干香味道，须是小火煸炒，才能让食材中的水分慢慢蒸发，而不至于让食材本身的味道散去。

扫一扫了解更多

家常 No.8

干烧小黄鱼

黄花鱼有大和小之分，一般以舟山群岛为界，舟山群岛以南所产的称大黄鱼，以北所产的称小黄鱼。后者肉质细嫩、味道鲜美。新鲜的南方小鱼，用川菜的干烧制法烹煮，既是佐酒的爽口美味，也能让人胃口大开。

干烧小黄鱼，须将鱼炸得金黄挺脆，再把豆瓣酱与香辣酱炒香，与小黄鱼一起小火慢烧。鲜嫩的鱼肉浸透着麻辣汤汁，色泽鲜艳，口感微辣咸鲜香，每一口都包裹着红油的滋润，配上一杯冰冻啤酒，实在是不一样的美味享受。

食材

主料

小黄鱼　　1条

小黄鱼

小黄鱼又称为小黄花鱼，通体颜色呈淡黄色，长圆形，春季向沿岸洄游，所以春季是食用小黄鱼的季节。黄鱼含有丰富的蛋白质、矿物质和维生素，对人体有很好的补益作用。小黄鱼肉质滑嫩可口，适合油炸、红烧等多种烹饪方法。

配料

姜	30g
蒜	30g
豆瓣	80g
香辣酱	50g
生粉	10g
小葱	10g
油	100g

1	2
3	4
5	

步骤

1. 小葱切成葱花，姜蒜切成粒。
2. 小黄鱼改刀。
3. 锅中加油，烧至七成热，将小黄鱼炸至表皮金黄，沥油备用。
4. 另起锅放油，将姜蒜炒香，再放入豆瓣、香辣酱炒香；加水熬5分钟，将黄鱼下锅煮2分钟后捞出。
5. 将生粉调水，入锅后将汁收芡，淋在鱼上，撒上葱花。

干烧小黄鱼 ：炸得香酥的小黄鱼，皮金黄挺脆，再把豆瓣酱与香辣酱炒香，与小黄鱼共煮，小火慢烧，辣味随着汤汁沁入鱼肉之中，喷香四溢。咬一口，鱼皮香酥，鱼肉细嫩，汤汁收在舌尖，亦是记忆的味道。

TIPS

油温烧至七成热时，是最好的油炸温度，所判断的标准是油表面的油泡散尽，且冒出少许青烟，此时油温就达到了七成热。为避免鱼下锅时油星飞溅，可先用干毛巾将鱼表面的水擦干，再放入锅中。

扫一扫了解更多

家常 No.9

家常豆腐

“旋乾磨上流琼液，煮月铛中滚雪花。”豆腐虽无肉料之味，却有肉料之功，它如西施般的色泽让人怜爱，柔柔嫩嫩，白洁光净，是中国人餐桌上最常见的美食之一。

豆腐要算是最能代表中国文化的食材。中国人的饮食追求“五味调和”，唯有清淡者可以执其两端而用其中。豆腐的“中”就体现在与任何食材搭配都不会喧宾夺主，破坏其他食材的主味，同时也能保留自己的本味。搭配鱼肉，得其鲜美；搭配果蔬，不管搭配任何食材，得其清爽；总能相得益彰，珠联璧合，达到“甘而不哝，酸而不酷，咸而不减，辛而不烈，淡而不薄，肥而不腻”的境界。故2000多年来，豆腐既上得厅堂，深受帝王将相、文人雅士之喜爱，又能下接地气，成为不分南北、不分老幼的国民美食。豆腐上桌，无论煎烤煮炖，形式各异，均味道绝美；做法不同，便有不同的风味。

川菜中的家常豆腐，营养美味，老少咸宜。此菜成本低廉，营养丰富，豆腐脆香鲜嫩、色泽鲜亮，丝丝辣味包裹在食材中，色香味一应俱全，非常适合在家烹制，是一道佐酒下饭的美味佳肴！

食材

主料

南豆腐	250g
玉兰片	25g
黑木耳	10g
二刀肉	25g

1 南豆腐

南豆腐又称为水豆腐，南方的豆腐质地紧密，水分含量高，美味养身。

2 玉兰片

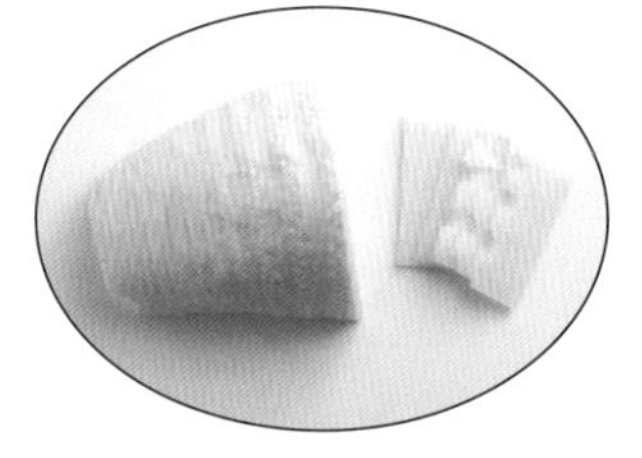

玉兰片是由竹笋切片加工而成，片薄而脆，适合多种菜品烹饪。

3 黑木耳

黑木耳又称常见食用菌，营养丰富，烹制后爽脆可口。

4 二刀肉

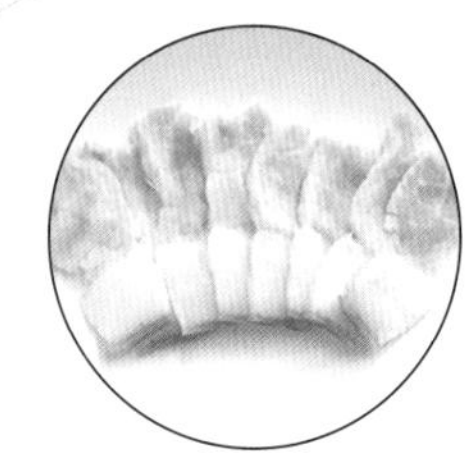

二刀肉是指屠户旋掉猪尾巴那圈肉以后，靠近后腿的那块肉，因为它是第二刀，顾名思义，就称为二刀肉。二刀肉又称坐墩肉，即猪臀肉，有肥有瘦，一刀肥的多，二刀肥四瘦六，为大多数人所接受。二刀肉适合烹调回锅肉、盐煎肉、蒜泥白肉等。

配料

马耳葱	15g
姜米	10g
蒜米	10g
豆瓣	15g
泡椒	10g
盐	2g
味精	5g
白糖	2g
料酒	5g
水芡粉	10g

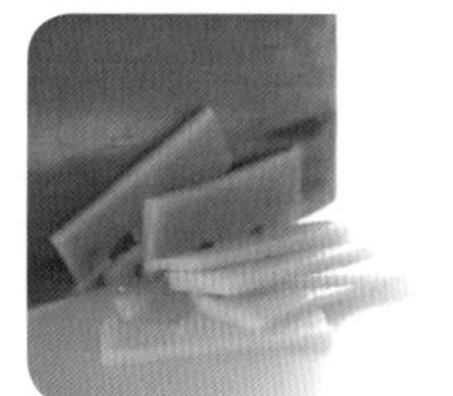

步骤

1. 将豆腐切成三角块，二刀肉切片，葱切成马耳状，备好配料。
2. 玉兰片焯水煮熟，捞出。
3. 热锅加油，豆腐下锅，煎至两面金黄。
4. 下肉片煎炒，再加入姜蒜米、豆瓣、泡椒炒香。
5. 加水，下豆腐、黑木耳、玉兰片、葱，加入白糖、味精、盐调味。
6. 勾芡起锅。

1	2
	3

4 | 5 | 6

家常豆腐：豆腐经过煎制后，鼓起一层金黄脆皮，脆香鲜嫩。配以香浓的汤汁，加上营养的配菜、切成片的二刀肉、清爽的玉兰片与黑木耳，让菜品更加丰富。丝丝辣味包裹在食材中，色香味一应俱全。

TIPS

豆腐煎至金黄色，不煳不焦，在烹饪的最后要收汁、亮油，让汤汁裹在食材上。处理好这些细节，可使成菜肉味浓郁、汤汁鲜香，色香味俱全。

扫一扫了解更多

家常 No.10

豉油四季豆

四季豆俗称豆角，身材圆圆、头顶尖尖，惹人喜爱，是不少人家餐桌上的常见蔬菜之一。豉油四季豆是一道传统川菜，营养价值丰富，口味咸香微辣。找一个空闲的日子，约两三好友至家中，一盘色香味俱全的豉油四季豆，开胃下酒，让人回味无穷。

四季豆炒过了容易煳，夹生又容易引起食物中毒，因此火候很重要。在家做的时候，可以先把四季豆用水煮到颜色变为碧绿，起锅焯水之后再炒。这样既能确保食材全熟，也能让四季豆更加入味。

食材

主料

四季豆	200g
小米辣	10g

1 四季豆

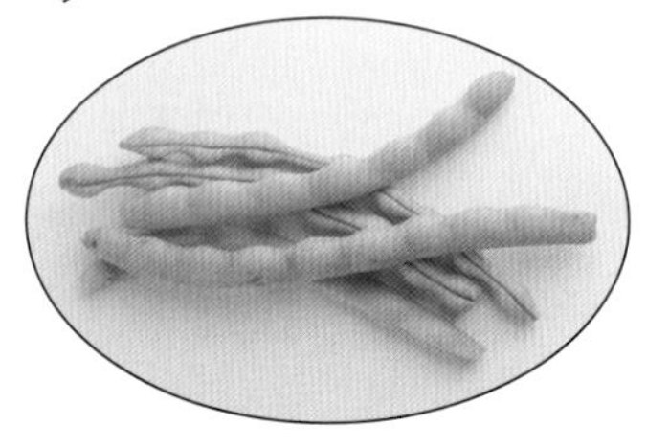

四季豆又名菜豆、芸豆等，种植地域广泛，适合于多种烹饪方法。

2 小米辣

小米辣是辣椒中的一种，果实呈长形，其辣度高，味道刺激，是川菜烹饪中的常用调料。

配料

姜米	3g
蒜米	3g
蚝油	10g
豉油	5g
味精	2g
盐	2g

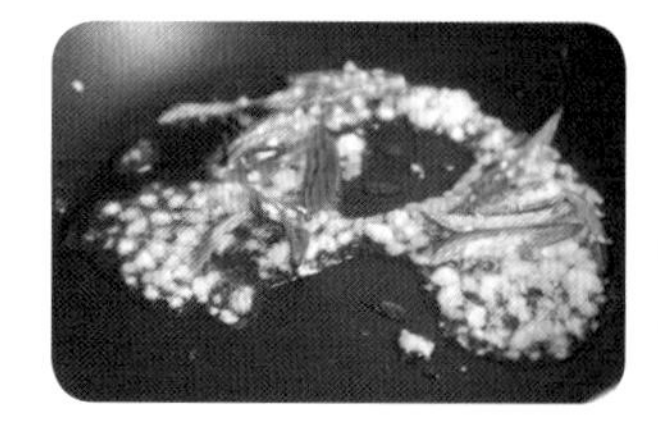

1	2
3	4
5	

步骤

1. 将四季豆切条，小米辣切片。
2. 四季豆焯水煮半熟，捞出。
3. 热锅加油，加入姜米、蒜米、小米辣，下锅炒香。
4. 四季豆下锅煸炒，加入蚝油、豉油、味精、盐调味。
5. 翻炒至熟，起锅。

豉油四季豆：川菜中的素菜也是辛香百味，滋味丰富，其中豉油四季豆便可以拿来一说。豆豉味是川菜常见味型之一，其味咸香而略带辣意，四季豆在炒制过程中又不失本味。整道菜味觉层次丰富，滋味浓郁。

TIPS

四季豆难以入味，需要长时间的炒制，而这样又容易失去四季豆食材本身的新鲜味道。所以，先汆水让四季豆半熟，再以重味下料炒，这样炒制时间既不会太久，又可使食材保有炒料的香味，还不失四季豆的新鲜。为保证四季豆的清香，切记下锅时间不宜过长。

扫一扫了解更多

江湖

江湖儿女，率性洒脱。烹饪界亦是一个江湖，十八般厨艺之中，最接近江湖儿女本真性子的，莫过于刚烈猛劲的川菜。而川菜诸多派系之中，最具侠士之风的当属“江湖菜”。

重庆江湖菜发源于微末偏远的入城交通要道，旅途劳顿的长途客运与货车司机饥肠辘辘，吃上一顿麻辣鲜香、价格实惠的美味，自然会口口相传。大足的邮亭鲫鱼、潼南的太安鱼、璧山的烧鸡公、綦江的白渡鱼、江津的酸菜鱼等，莫不如是。即便是后来诞生于重庆城区的江湖菜，亦是在边远地带，不入闹市，如歌乐山的辣子鸡、南山的泉水鸡、白市驿的辣子田螺、两路镇的水煮鱼。可以说，犄角旮旯里的苍蝇馆子、路边塑料椅子小方桌的大排档、江上随捞随吃的渔船和重庆周边交通干道上的小饭馆，共同孕育出粗犷直爽、大油大辣的江湖菜。

码头文化浸润下的重庆人，骨子里带着“无法无天”的耿直性格，吃客不喜欢墨守成规，当厨的也就随行就市，不照菜谱做菜。这种有特色、有风味、有新意的菜式，迅速迎合了都市人觅新猎奇的消费心理，短短几年时间，上到星级酒店，下到排档食肆，莫不以其为招牌，很快就风靡重庆城。

江湖菜植根于民间，以新派川菜为基础，师出多家，不拘常法，复合调味，首重麻辣，中菜西做，老菜新做，北料南烹，看似无心，实乃妙手天成，从而达到出奇制胜的效果。简而言之，就是大把撒辣椒、大瓢加花椒、煳辣壳里藏鸡丁、红油汤里游鲫鱼的重口味，与豪情万丈的江湖、性情中的江湖人不谋而合。但做得好的江湖菜绝不会不讲道理地蛮干，你能明显感觉到麻和辣在互动，麻抑制辣，辣又能突出花椒特殊的香味，两者带有韵律感地在舌头上沉浮，却又能让食材的本味犹存，非常奇妙。

烹饪界的“刀光剑影”在重庆江湖菜身上体现得尤其真实，无法忘怀的从来只是自己，名声过后只留满地疮痍。一道江湖菜在创始之初，都会受到食客的追捧，名气迅速提升。但随着时间的流逝，新的江湖菜层出不穷，老的江湖菜便逐渐没落，食客们的喜新厌旧正是“三秋一过，江湖便把你忘怀”的真实写照。

水煮泰国极品耗儿鱼

耗儿鱼，学名马面鲀，黄海、东海和朝鲜沿海等海区较多，是一种无污染、营养价值相当高的深海鱼。其体形呈长椭圆、侧高，又被称为面包鱼；因大多跟老鼠一样大小，又叫老鼠鱼(耗儿鱼)；其皮粗又厚，又称橡皮鱼、猪鱼 ；作食时，必须先剥去其皮，才可烹饪，所以通常又有剥皮鱼的绰号。

餐桌上的耗儿鱼都是去除了皮和头部的，肉很细，口感顺滑，除了一根主鱼骨外，几无鱼刺，孩子老人可以放心食用。大部分重庆人对一锅耗儿鱼的感情，绝对不亚于对待一锅火锅。在重庆的江湖菜界，耗儿鱼独领一方风骚，其中水煮耗儿鱼更是一道硬菜。

食材

主料

泰国耗儿鱼	8只 (1只约85g)

配料

小水笋	300g
麻辣底料	200g
姜	15g
葱	15g
花雕酒	15g
胡椒粉	5g
高汤	适量
干辣椒	15g
干花椒	10g
熟芝麻	适量

麻辣底料比例

菜油	4000g
老姜	200g
葱头	300g
辣椒节	300g
干花椒	200g
郫县豆瓣	2000g
泡椒末	1500g
泡姜末	500g
秋霞火锅底料	2包
香水鱼底料	5包
炒香花生碎	500g
老干妈	2瓶
十三香	1包

底料炒制

锅里放菜油，下姜葱炼油再捞起，下干辣椒、干花椒、豆瓣、泡椒末、泡姜末小火炒香（约1小时），再加火锅底料和香水鱼底料炒10分钟，加提前炒香的花生碎和老干妈，起锅时放十三香。

注：麻辣底料为大厨推荐的最佳味道比例及分量。家庭实际制作时，请酌情调整。

1 耗儿鱼

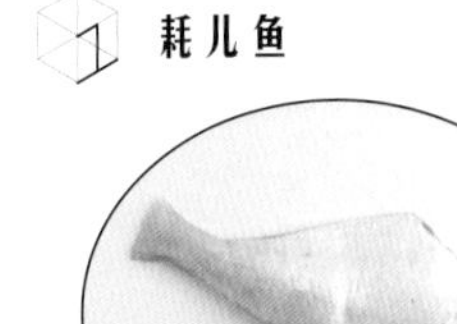

耗儿鱼是川菜中一种举足轻重的食材，适合于干锅、火锅、油炸、烧烤等各种烹饪方式。

2 小水笋

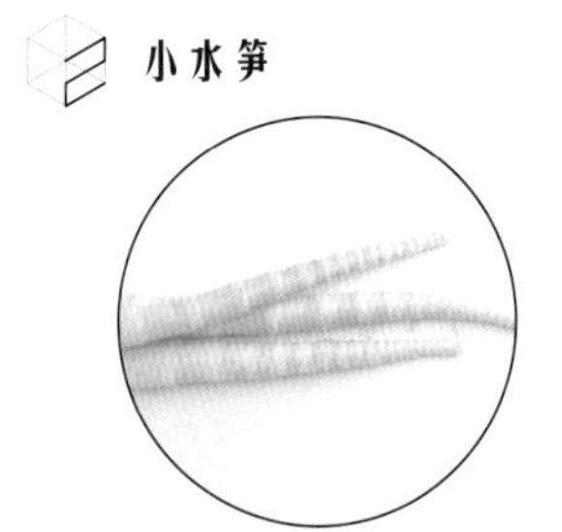

小水笋由细嫩竹笋制成，色鹅黄，味淡雅清香，入菜味道鲜嫩脆爽。

步骤

1. 炒制麻辣底料，炒好后舀出备用。
2. 小水笋片成薄片，切好姜、葱、干辣椒节，将炒好的麻辣底料舀出，备用。
3. 耗儿鱼解冻，用盐、姜、葱、花雕酒、胡椒粉码味。
4. 锅里下油，到七成油温时下耗儿鱼，炸3分钟起锅，炸至金黄（起到紧皮、煮时肉不散的作用）。
5. 锅里下底料（200g），加入高汤，下鱼和笋，调味，煮至入味起锅。
6. 锅里下100g油，烧热。把干辣椒节和干花椒撒在鱼上，淋热油，撒上葱花、熟芝麻即可。

1 | 2 | 3

4 | 5 | 6

水煮泰国极品耗儿鱼：耗儿鱼本身肉质筋道，而泰国极品耗儿鱼鱼肉更多，质感更是上乘。用煲好的高汤加香辣炒料同耗儿鱼同煮入味，以水煮这种川菜的烹饪方法制成这道菜，既有畅快江湖气，也有传统川菜的形意。

TIPS

油炸耗儿鱼时，油温要高，待油温达到180～200℃时，再下鱼，这样才能保证鱼肉在炸制过程中保持肉质紧实、鱼皮酥挺。

扫一扫了解更多

江湖 No.2

渝派麻辣凤尾老虎虾球

巫山的云雨，峨眉的秋月，总是让人难以捉摸，就如同一幅幅粉饰的水墨画卷，运笔轻柔如行云，变幻无穷之处却暗藏章法。这便是巴蜀的山水，也是重庆江湖菜之风味。

渝派麻辣凤尾老虎虾球改良自武汉名菜麻辣虾球，以老虎虾取代小龙虾，再配上白玉菇与海鲜菇，一锅之中，虾肉Q弹、蘑菇鲜嫩，重口麻辣之中却又兼具山野之清爽，看似不相容的食材汇成了一道菜，混而不杂，尽显变化。

食材

主料

老虎虾	10只
白玉菇	100g
海鲜菇	100g

配料

辣椒节	15g
葱花	15g
胡椒粉	5g
花雕酒	15g
盐	5g
高汤	150g
藤椒油	200mL
干辣椒	15g
干花椒	10g
油	300g
熟白芝麻	适量

麻辣底料比例

猪油	1000g
菜油	1500g
豆瓣	250g
干辣椒加少许香料（八角、桂皮、香叶、小茴香）	适量
泡姜	150g
泡椒	150g
过水干花椒	250g
麻辣鱼佐料	2包
火锅底料	1包

底料炒制

猪油、菜油倒入锅里，加姜葱炼油，加入豆瓣、干辣椒，加少许香料、泡姜、泡椒，用中小火炒1小时左右至香，再加过水干花椒、麻辣鱼佐料、火锅底料炒10分钟即可，备用，切记不要炒煳。

注：麻辣底料为大厨推荐的最佳味道比例及分量。家庭实际制作时，请酌情调整。

1 老虎虾

老虎虾体形巨大，且肉质甜美，富有弹性，在海鲜虾中是广受食客喜爱的一个种类。

2 白玉菇

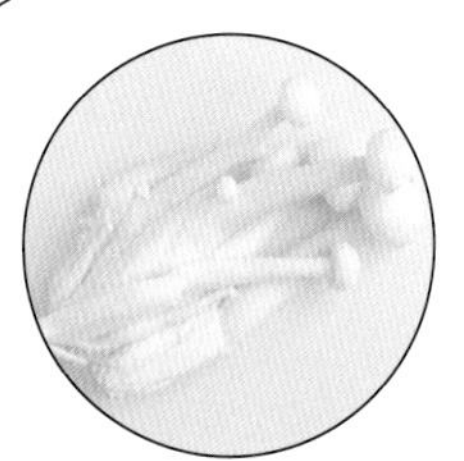

白玉菇通体洁白，晶莹剔透，是一种珍贵的食用菌，口感清甜鲜滑。

3 海鲜菇

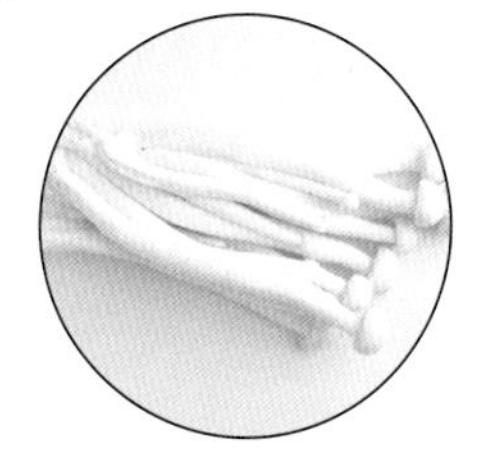

海鲜菇味道鲜美，质地脆嫩，食之，有蟹肉味，故其在日本又被称为“蟹味菇”，是一种优质的食用菌。

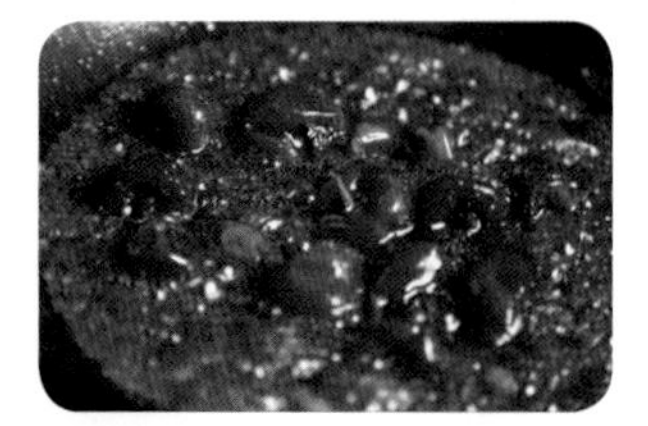

1
2

步骤

1. 炒制麻辣底料。
2. 将冷冻老虎虾解冻，洗净；将白玉菇、海鲜菇去头，洗净备用；辣椒切节、葱切葱花。
3. 老虎虾加胡椒粉、花雕酒、盐码味5～10分钟，上浆备用。
4. 锅里下油烧热，加炒好的底料和高汤，两种菇同时下，煮熟入味。
5. 放虾仁，调味，煮熟后加藤椒油起锅。
6. 锅里下油，下干辣椒节，炒至干花椒变色炝香。将油淋在虾的上面，撒上葱花、熟白芝麻即可。

3 | 4 | 5 | 6

渝派麻辣凤尾老虎虾球：老虎虾体形巨大，肉质鲜嫩，制成虾球入菜，满满的虾肉，一口吃下，让人欲罢不能。这道菜，虾球与浓郁的辣椒炒料一起炒制，口感更添香辣味。

秘诀 TIPS

老虎虾同一般的虾肉一样，煮制的时间不宜过久，刚刚煮熟的时候便要捞出，这样在炒制的时候，就可保证肉质鲜嫩、香辣入味。

扫一扫了解更多

江湖 No.3

油淋藏区牦牛干巴配芝士球

青藏高原的牦牛干巴与口感细腻绵长的外国小点心芝士球，相逢在重庆江湖菜的餐桌之上，这样的奇异组合肯定会“亮瞎”食客们的眼睛。而它的味道也绝对不会让人失望，萌萌的芝士球混合着咸香厚重的牛肉干巴，香辣之余，还有丝丝回甜。

食材

主料

藏区牦牛干巴	300g
芝士球	15 个

配料

炸薄荷叶	2g
姜	15g
蒜	15g
干辣椒	25g
干花椒	8g
辣椒面	10g
白糖	5g
味精	1g
熟芝麻	5g
香油	2g
藤椒油	2g

芝士球制作比例

马苏拉里芝士碎	100g
土豆泥	500g
吉士粉	20g
面粉	80g
生粉	60g

以上全部拌匀，搓成球下油锅炸成型。

1 牦牛干巴

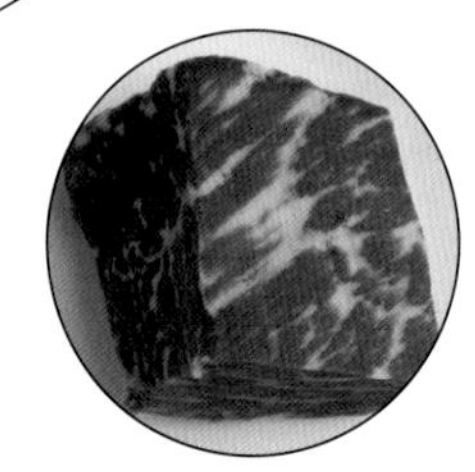

干巴是云南的特产，是用牦牛肉腌渍而成，口感干香，肉质质韧，适合干煸、油炸。

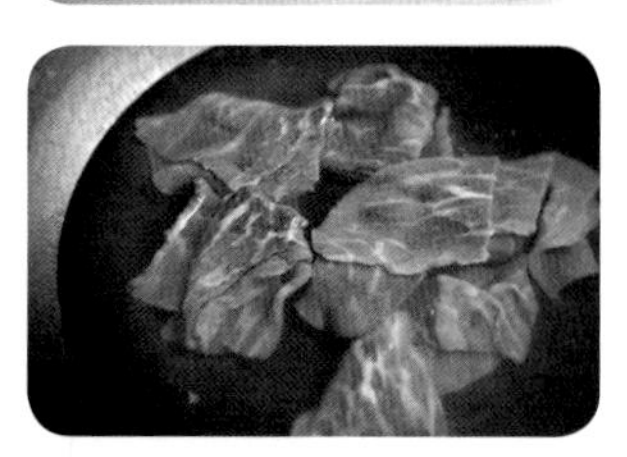

1
2
3
4

步骤

1. 制作芝士球备用。
2. 干巴切 0.2 厘米厚薄片，切好姜片、蒜片、干辣椒节。
3. 锅里烧水把干巴片焯水（干巴肉咸，得多焯一会），起锅。
4. 锅内放冷油，略温时，炸薄荷叶，捞出，炸干巴、芝士球，捞起备用。
5. 将炸后的干巴回锅与姜片、蒜片一起煸至快干香时，下干辣椒节、干花椒，一起煸香出味，加辣椒面、白糖、味精调味，加熟芝麻，加入炸好的芝士球一起煸炒，淋入香油、藤椒油起锅。
6. 装盘后撒上炸好的薄荷叶即可。

5 | 6

油淋藏区牦牛干巴配芝士球：芝士遇上咸香厚重的牦牛干巴，咸脆香辣缠绕着丝丝香甜，这是只有江湖厨师才能想到的新派渝菜。

TIPS

牦牛干巴是咸香口味，在烹饪前要先过水去咸味，不然咸味太重；牦牛干巴的精髓虽然在于干香，但在煸炒过程中，不可以煸炒太久，否则干巴肉质变得干柴，会影响口感。

扫一扫了解更多

江湖 No.4

炒花甲

花甲，又称花蛤，其肉质鲜美，被称为“天下第一鲜”。炒花甲是路边摊上出镜率极高的菜品，是囊中羞涩的学生们的最爱。可以说夏日校门外的夜市摊上，有多少张桌子，就有多少盘花甲。那花甲的美味，正如人生最鲜嫩的时光。

花甲肉质鲜嫩，适合爆炒、熬汤。将花甲带入江湖菜中，以川菜调料爆炒，浓浓的香辣汁裹着嫩滑的花甲肉，绝对让人垂涎三尺。与三五好友一起，就着酒或冷饮，享受鲜辣的海味气息，便是无上美味。花甲要挑选外壳平滑的，因外表干净平滑，附着脏东西少，相应污染也少。烹饪前要先把花甲放入盐水“养”一段时间，这样有助于花甲排出毒素和沙子，再用刷子清洁花甲的表面即成。

食材

主料

花甲	400g

花甲

花甲，又称文蛤、蛤蜊、丽文蛤、花蛤，是我国常见的贝壳类海鲜。

配料

豆瓣	3g
泡椒酱	20g
蚝油	5g
蒜	10g
料酒	5g
味精	3g
盐	2g
小葱	10g
油	100g
姜	20g

1

2

3

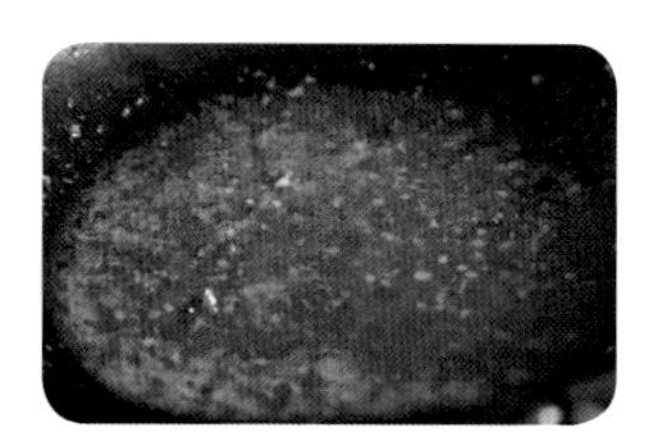

4

1. 将花甲洗净，切好小葱花、蒜米、姜米，准备好其他配料。
2. 锅中加水烧开，下花甲，烹入料酒煮至花甲开壳，然后捞出。
3. 热锅加油，待油烧热后，下姜米、蒜米、泡椒酱、豆瓣炒香，加入蚝油、一勺清水。
4. 烧开后，下花甲翻炒，加盐、味精调味，再加小葱花，翻炒入味即可出锅。

炒花甲：花甲是常见的贝壳类海鲜，肉质鲜嫩，适合爆炒、熬汤。川菜烹饪包容天下食材，将花甲纳入江湖菜中，以川菜调料爆炒，鲜得别有一番滋味。

秘诀 TIPS

海鲜讲究食鲜，川菜料理也不例外。花甲汆水，以开壳为佳。等花甲开壳后就要及时捞出，不宜长煮，以保持食材肉质的鲜嫩。

扫一扫了解更多

江湖 No.5

火爆鳝片

重庆人的生活中绝对不能缺少江湖菜，吃重庆江湖菜又怎么少得了火爆鳝片？

火爆鳝片属于江湖菜中的重口味，调料中仅辣椒就有好几种，青泡椒、干辣椒、辣椒面……再加上香辣十足的豆瓣酱和大把的花椒，猛火爆炒后，做出来的鳝片香嫩弹口，川菜的经典味道泡椒味融入其中，搭配十足的麻辣味，让人欲罢不能。

食材

主料

鳝鱼	250g

1 鳝鱼

鳝鱼又称为黄鳝、山黄鳝，肉质细嫩，营养丰富，刺少肉多，是常见的食材。

2 蒜薹

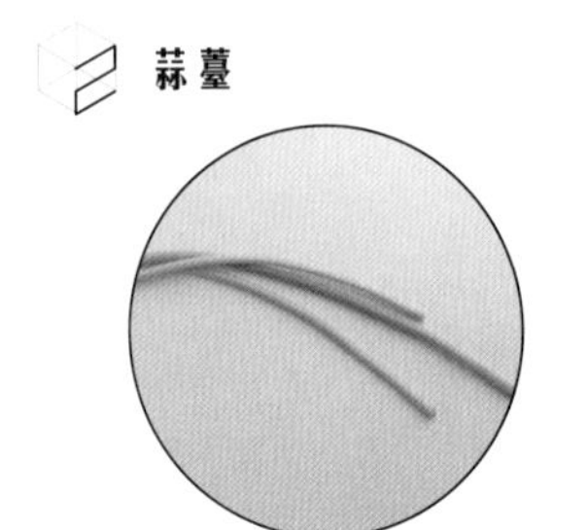

蒜薹是从抽薹大蒜中抽出的花茎，是常见的烹饪食材。

3 芹菜

常见蔬菜，气味清香，对于菜品有提味的作用。

配料

蒜薹	100g
芹菜	50g
姜米	5g
蒜米	5g
青泡椒	150g
花椒粒	10g
豆瓣	10g
白糖	3g
盐	2g
料酒	10g
干辣椒	15g
辣椒面	5g
油	150g
味精	5g

步骤

1. 鳝鱼切片，切好蒜薹段、芹菜节，准备好其余配料。
2. 热锅加油，待油烧热，下干辣椒、青泡椒、豆瓣、辣椒面、姜米、蒜米炒香。
3. 下鳝鱼片爆炒，加白糖、盐、味精调味。
4. 下蒜薹、芹菜，炒熟起锅。

1 | 2 | 3 | 4

火爆鳝片：鳝鱼肉细嫩，味鲜美，营养丰富，在川菜中是常用的河鲜食材。火爆鳝片，烹制时先煸后炒，成菜汤汁油亮鲜红，鳝鱼酥香返软，入口爽辣，麻辣滋味浓厚，是江湖菜中极具川菜特点的风味名菜。

TIPS

川菜中的爆炒讲究大火猛炒，在让食材熟透的同时，保持其本身的脆嫩，以使食材口感更好。

扫一扫了解更多

干烧武昌鱼

武昌鱼，又名鳊鱼、魴鱼，是鲳鱼的一种，原产于湖北鄂州（古称武昌），早在 1700 多年前的三国时期，便饮誉大江南北。武昌鱼的肉质细嫩，味道鲜美，但同鲫鱼一样丝刺很多，不常吃鱼的人食用的时候要细心。

传统干烧武昌鱼，色泽金黄，脂肪肥厚，肉质细糯，油润爽滑，味道异常鲜美。渝派江湖菜将之予以改良，加入了豆瓣酱和泡椒，菜品颜色红亮，香气浓郁，入口鱼肉鲜嫩，麻辣鲜香；并且辅以肥肉粒，更让干烧的肉香味道浓郁，滋汁黏稠，香辣味道更加立体。

食材

主料

武昌鱼	1000g

1 武昌鱼

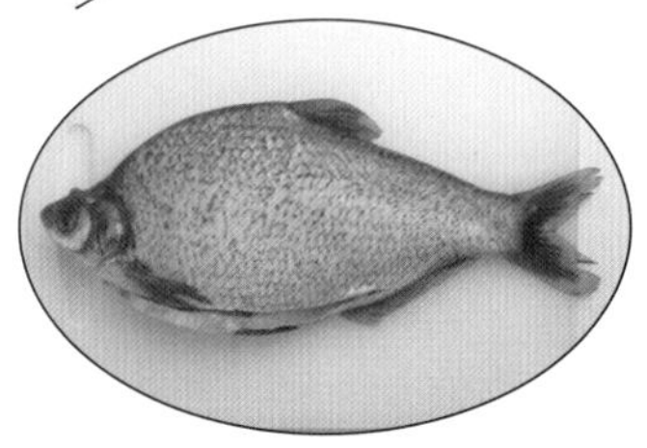

武昌鱼是我国特有的淡水鱼类，分布在长江中下游。肉质鲜美，营养成分高，适合多种烹饪方法。

配料

肥肉	5g
姜	5g
蒜	5g
葱	5g
豆瓣	10g
泡椒酱	20g
花椒粒	2g
油	适量
糖	2g
味精	2g
盐	适量

1. 武昌鱼洗净去鳞，划好十字。
2. 切肥肉粒、蒜粒、姜粒、葱花，准备好配料。
3. 热锅加油，待油烧热后，下姜粒、蒜粒、肥肉粒，炒香。
4. 下武昌鱼两面煎炸，至皮呈金黄色，捞出。
5. 下泡椒酱、花椒粒、豆瓣炒香，加水煮开。
6. 去渣，加入糖、盐、味精调味，下鱼、姜粒、蒜粒、肥肉粒。
7. 烧干起锅，撒上葱花即成。

干烧武昌鱼：将武昌鱼炸香后再加调味料烧干，菜品颜色红亮，香气浓郁，鱼肉入口鲜嫩，麻辣鲜香。重点在于加入肥肉粒熬制，让干烧味道肉香浓郁，滋汁黏稠，香辣味道更立体，鱼与肉香的结合，很好地体现了川菜辛香绵长的滋味。

TIPS

鱼要以高温油炸，紧皮定型，以炸至皮色金黄为佳。在后面的烧制过程中，时间越长越能将汤汁收尽，使鱼肉更入味。

扫一扫了解更多

江湖 No.7

川式油焖阿根廷红虾

用川菜的方式烹饪海鲜，是重庆街头江湖菜厨师的一大爱好。其味鲜香麻辣，回味无穷。

阿根廷红虾壳薄肉多，是虾肉爱好者的福音，一口咬下，软滑的虾肉在齿间跃动。用川菜烹饪方式“粗暴”对待这娇嫩的食材，碰撞出了新的味觉体验：麻辣中挟裹着香甜，回味中又有丝丝酱香，层层递进的味道十分立体。

主料

阿根廷红虾 10只

配料

干脆椒	适量
香辣酱	适量
花雕酒	15g
胡椒粉	少许
盐	少许
干辣椒	20g
干花椒	10g
姜	15g
蒜	15g
白糖	2g
鸡精	2g
料酒	5g
味精	2g
藤椒油	200mL
芝麻油	200mL

香辣酱的制作

锅里下菜油3000g炼熟，加色拉油5000g，加老姜、洋葱、大葱、香菜、大蒜炼油后捞起，待用。锅里下糍粑辣椒、豆瓣、泡椒末、泡姜末一起用中小火炒约1小时，加香辣酱和香水鱼佐料再炒10分钟，最后下五香粉和十三香，混合均匀，盛出备用。锅里再下2500g色拉油，加辣椒节和干花椒炝油后倒入上一步制成的酱中。放入炼过油的姜葱蒜即成。

注：香辣酱为大厨推荐的最佳味道比例及分量。家庭实际制作时，请酌情调整。

1 阿根廷红虾

阿根廷红虾是阿根廷南部海域的野生大虾，身形大，呈红色，口感鲜嫩软滑，营养丰富，而且虾壳薄而肉多，是上好的海鲜食材。

2 干脆椒

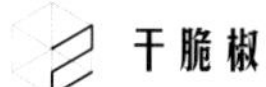

干脆椒是四川重庆地区特有的特色食品，以辣椒为原料，加上盐、芝麻、糯米粉等辅料炸制而成，成品甜辣香脆。有成品售卖。

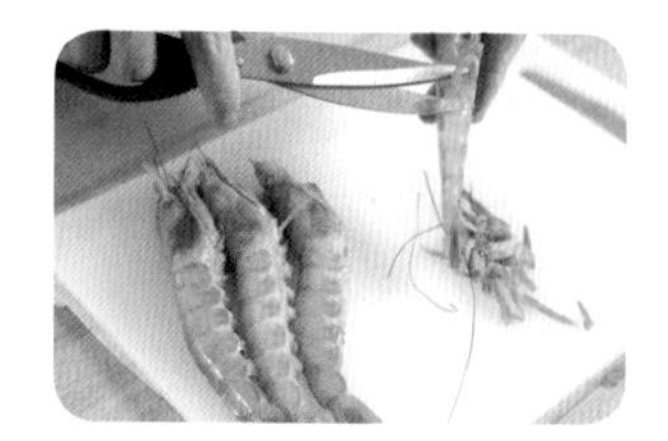

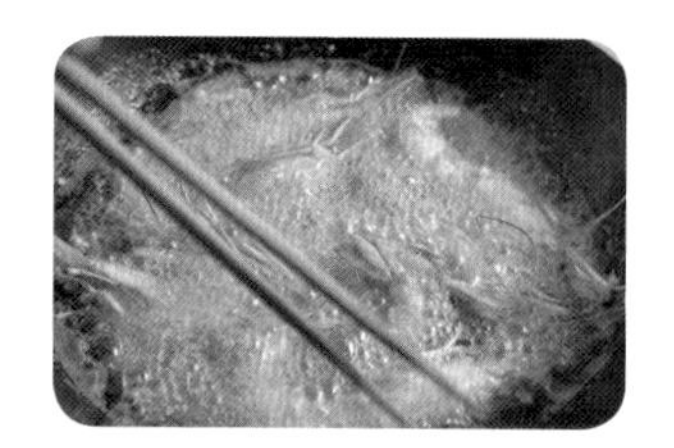

1

2

3

步骤

1. 虾开背去沙线，准备好香辣酱，将干脆椒剁碎、干辣椒切节。
2. 处理好的红虾用花雕酒、胡椒粉、少许盐腌渍。
3. 锅内放适量油，待油温七成热时，下虾过油，待皮炸脆捞出。
4. 锅里放少许油，加干辣椒节、干花椒、姜蒜适量一起炝锅，下香辣酱和料酒，再下虾，加白糖、味精、鸡精调味。
5. 起锅前放入藤椒油、芝麻油、干脆椒，翻炒均匀后起锅。

4 | 5

川式油焖阿根廷红虾：异国远洋的红虾，配上本土的香辣酱，这大概是全球化时代与网络购物时代才会产生的菜品。但不管是小龙虾还是阿根廷红虾，麻辣味、油焖，都可以轻松驾驭。因为重要的不是食材，而是滋味。

TIPS

在这道川式油焖阿根廷红虾中，红虾需要炸制。在炸制时，要特别注意，下虾的时候油温要高，这样才能将虾皮炸脆、炸挺。

扫一扫了解更多

江湖 No.8

姜爆蛙

牛蛙的营养十分丰富，是一种高蛋白质、低脂肪、低胆固醇、味道鲜美的食品。姜爆蛙这道菜源自自贡，用小米椒末熬成的油爆炒牛蛙，成菜肉质滑嫩，辣味突出，又融入了子姜的清香，这样的鲜美，怎不让人心动？

食材

主料

小牛蛙	500g
子姜	50g
小米辣	20g

1 小牛蛙

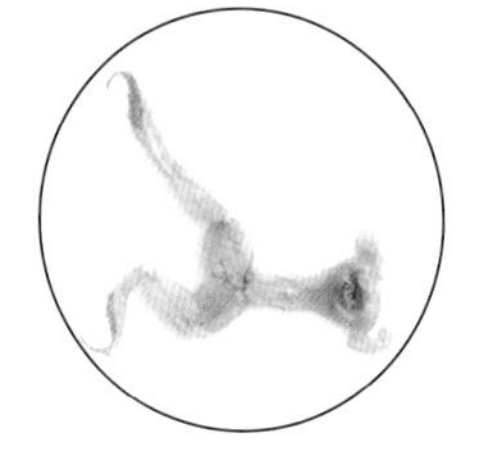

饲养牛蛙肉质鲜嫩，适合爆炒、水煮。

配料

豆瓣	5g
泡椒	20g
蒜米	10g
盐	3g
味精	3g
料酒	20g
油	适量

2 子姜

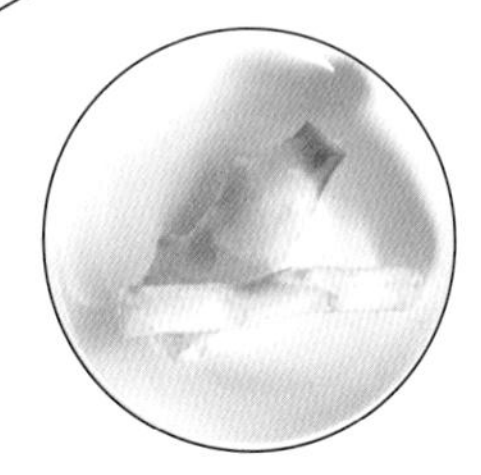

子姜味道鲜美，口感爽脆，带有辛辣味道，适合做佐料与调味品，也适合烹饪菜品，以提升菜品口味。

3 小米辣

小米辣是辣椒中的一种，常见果实呈长形，其辣度高，味道刺激，在川菜中常用作调料。

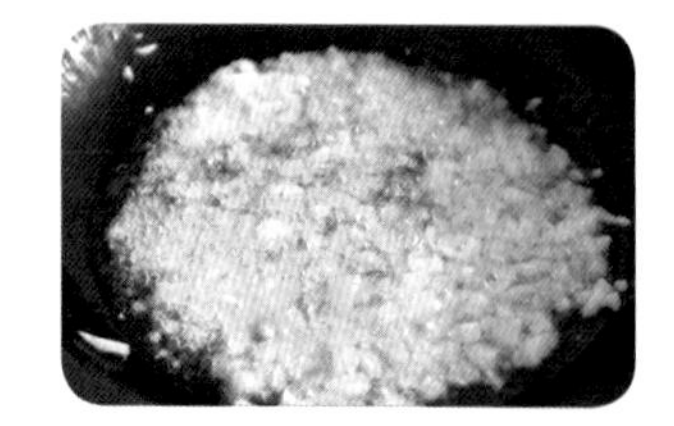

步骤

1. 子姜、小米辣切丝，准备好配料。
2. 锅中放油，烧热后下蒜米、泡椒、豆瓣炒香。
3. 加料酒、水、小米辣、牛蛙。
4. 烧入味起锅。

1
2
3
4

姜爆蛙：蛙肉鲜嫩，但有腥味，适合重味料理，川菜料理方式就是一种很好的选择。姜爆蛙采用爆炒的方式，不仅能更好地除去蛙肉本身的腥味，配上泡椒、泡姜的鲜辣味道，还能使蛙肉吃起来更加鲜嫩可口，满满渝派滋味，尽显江湖菜的风度。

TIPS

这道菜先将蛙与炒料翻炒，再加水烧制，烧制时间可适当长一些，这样能使蛙肉更入味。另外，子姜丝要待临起锅时再下锅，如此可保持子姜的鲜香。

扫一扫了解更多

新派

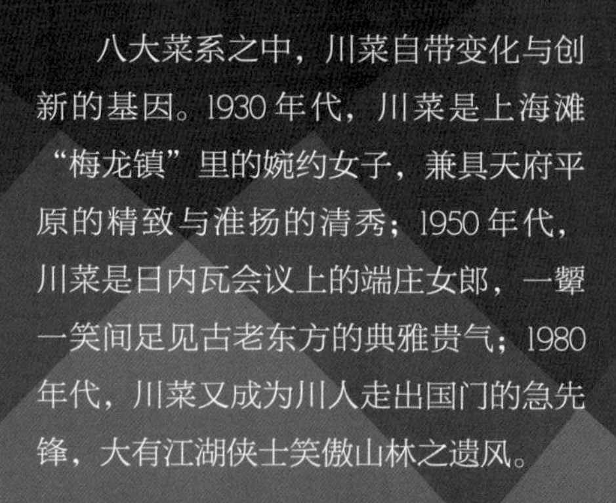

八大菜系之中，川菜自带变化与创新的基因。1930 年代，川菜是上海滩“梅龙镇”里的婉约女子，兼具天府平原的精致与淮扬的清秀；1950 年代，川菜是日内瓦会议上的端庄女郎，一颦一笑间足见古老东方的典雅贵气；1980 年代，川菜又成为川人走出国门的急先锋，大有江湖侠士笑傲山林之遗风。

走进 21 世纪，百年川菜在时代浪潮的推动下，不断翻新花样以取悦味蕾越来越挑剔的大众。川菜大师们博采众家之长，将乡村野味、民间美食、外来原料、舶来调味品以及先进的烹饪工艺，融入到现代传统川菜之中，走出新派川菜的创新之路。无论是八方美味，还是异域风情，遇上了三十八种烹饪技法，都演绎出了川味别样的风采。

新派川菜之“新”，首先在于原料的拓展，把外地产甚至是外国产的原料为我所用。例如茶香鳕鱼球，就是以太湖洞庭山的名茶碧螺春与大西洋深海鳕鱼，按照川菜宫保的炒法烹制而成。其次是味型的创新，川菜本就有清香醇浓并重、善用麻辣调味的特色，而新派川菜在传统的24种味型之外，又吸纳了日本、欧美等料理的调味佐料，创制出了蚝油味、咖喱味、孜然味等多种新味型。食材和味型之外，新派川菜的烹饪工艺也有更多的变化，鲁菜的吊汤、淮扬菜的刀工、云南菜的汽锅、江西菜的瓦缸以及西餐的炭烧等，均被大师们信手拈来化为己用。就连最常见的盛器白玉瓷，也在新派川菜的“异”想天开下，变化出竹篮、漆器、陶器、石锅等万种风情。那些引进革新潮流的大师们，赋予了川菜更为丰厚的内涵与艺术，有传统、有创新，但更多的是一种诚恳的认真。

新派川菜之“新”，还在于就食环境的提升。武侯祠旁、水岸深处的雅致园林，是锦里高贵格调与怀旧情愫的肆意蔓延；鲜花似锦、古韵盎然的花醉，诠释着生命怒放与沉寂的动人情怀；红的狂放与黑的深邃，是蜀国演义前卫时尚的靓丽外衣；更不消说那些深藏于写字楼上、高档小区里的，贴着主人独特个性和小情趣的私房菜馆了。新派川菜大胆摈弃了八仙桌、长脚凳的传统店面与油腻嘈杂的就餐环境，成就了如今时尚范、文艺风、儒雅流、自然系等多种风格的百花齐放。

新派 No.1

鳗鱼蒲烧配四川泡菜

烤河鳗是与寿司、荞麦面齐名的日本江户食物。但流行的说法是“蒲烧”，而非“烤”。蒲烧一词来自日本。江户时代的民工把捕来的河鳗穿在竹签上，涂抹烧汁后一烤就吃，价廉且能增添体力。因烤熟的鳗鱼像香蒲的穗子，所以称为“蒲烧”。现代家庭可使用烤箱或者微波炉，把鳗鱼的油脂逼出，减去肥腻，鱼肉更为滑嫩。这道菜的新颖之处就是将日式蒲烧鳗鱼作为主要食材，再佐以鲜辣爽口的四川泡菜水和口味酸甜的自制柠檬爆珠，使鳗鱼的醇厚鲜滑绵密口感与传统四川泡菜的酸爽鲜辣感完美融合，不可不谓是创意之作。

食材

主料

日式蒲烧鳗鱼 1片

蒲烧鳗鱼

将鳗鱼剔刺去骨，刷上酱料烤制而成。

四川泡菜

四川泡菜是川菜中独特的佐餐小吃，将盐水、泡椒等以不同比例制成泡菜水，再加入食材腌渍，其味酸爽鲜辣，是川菜中的代表食材。

配料

四川泡菜	100g
柠檬爆珠	50g
藕片	100g
卵磷脂	4g
紫苏叶	1片
柠檬汁	400g
纯净水	350g

藕

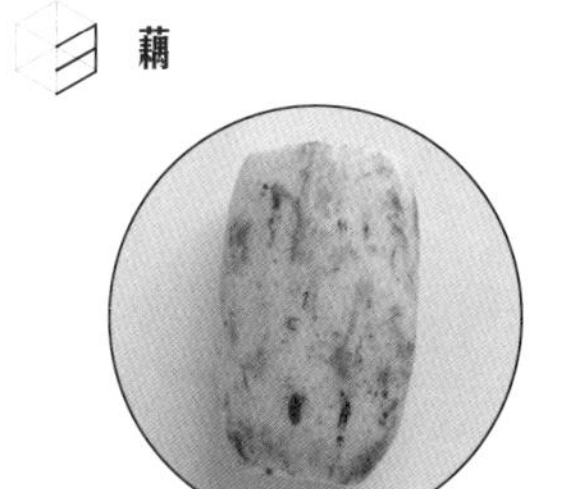

藕又名莲藕，俗名荷心。藕清脆可口，适合多种烹饪方式，属于常见的烹饪食材。

泡菜水用料

泡小米辣椒	1袋
冰糖	100g
味精	15g
姜	少许
蒜片	少许
干花椒	少许

柠檬爆珠制作

柠檬汁10g，糖浆40g，纯净水200g，海藻胶粉2.5g，搅拌均匀，用鱼仔发生器滴入钙水（纯净水1000mL加钙粉6.5g搅拌均匀），在里面泡2分钟捞起，在纯净水中清洗即可。

步骤

1. 准备泡藕片及其他配料。
2. 制作柠檬爆珠。
3. 加柠檬汁、纯净水和卵磷脂，用高速搅拌棒搅拌，再吹出泡沫。
4. 蒲烧鳗鱼改刀，入微波炉高火转3分钟。
5. 装盘：紫苏叶上放鳗鱼，边上放上泡菜，用小勺装上爆珠，配上泡沫即可。

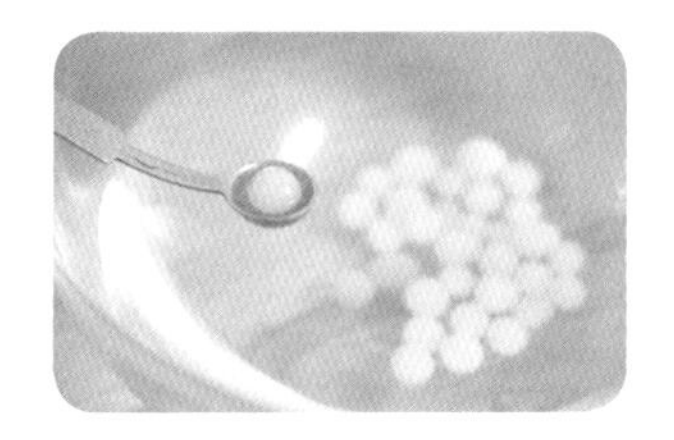

1 | 2

3 | 4 | 5

鳗鱼蒲烧配四川泡菜：这道菜是在日式料理的基础上加入酸辣味道的泡菜而成。鳗鱼高火烤制，日式酱料浓郁，口感绵香，再蘸上泡菜汁泡沫，遇上点点熟悉的酸辣，若再夹起一块爽脆的藕片，泡椒滋味十足。异国食材的碰撞，可谓是日式与川味的完美结合。

TIPS

鳗鱼本身肉质细嫩，蓬松柔软，所以二次烹饪时要格外留意其口感，高火微波的时间不宜过长，最多3分钟，否则鳗鱼肉质变焦，会影响口感。

扫一扫了解更多

新派 No.2

茶香宫保鳕鱼球

自古以来中国就有“茶食”的说法。茶和中国菜肴优雅、和谐地搭配在一起，就形成了中国独特的茶料理。不同的茶有着不同的做法，要做茶食先得熟悉每种茶汤的特性。铁观音茶性清淡，适合泡出茶汤做饺子；寒凉的海鲜就用同是凉性的绿茶烹调，比如龙井虾仁；普洱茶适合做卤水汁；温性的乌龙茶宜与温性的鸡、鸭肉配合，比如川菜樟茶鸭……

这道茶香宫保鳕鱼球，用到的则是绿茶中的碧螺春。碧螺春以香气馥郁著称，茶的清香不仅能融入清淡的鳕鱼之中，也更能衬托传统川菜中的宫保味，酸甜可口之外，又多出一份茶的清香。

食材

主料

鳕鱼　　　　1 块

鳕鱼

鳕鱼营养丰富，肉味甘美，适合多种烹饪方法。

2 碧螺春绿茶

碧螺春是我国的传统名茶，茶叶碧绿诱人，浸泡的茶水香气浓郁，是茶中极品。

配料

碧螺春绿茶	10g
姜	5g
蒜	5g
葱头	5g
干辣椒	5g

宫保汁比例

白糖	50g
保宁醋	35g
盐	3g
味精	5g
淀粉	8g

（制作成水芡粉）

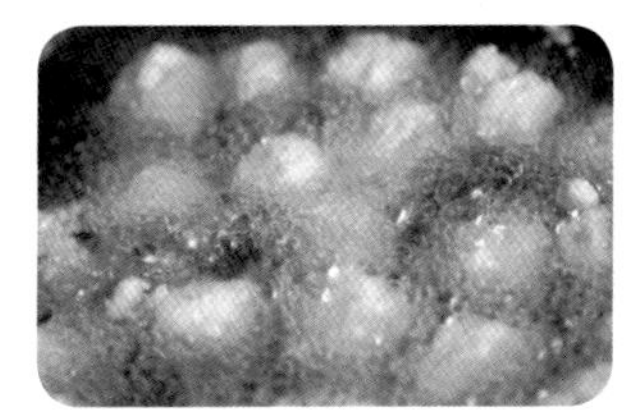

1	2
3	4
5	6

1. 鳕鱼改成 2 厘米见方的块。切好姜、蒜、葱头、干辣椒节。
2. 鳗鱼块用胡椒粉、盐码味，用蛋液裹一下，加干淀粉裹匀。
3. 用白糖、醋、盐、味精、淀粉制作宫保汁。
4. 茶叶泡开捞起，用油炸干香。
5. 将鳕鱼块下油锅炸至金黄色，捞出。
6. 锅里下油，加干辣椒、干花椒、姜、蒜片炝锅煸香，加葱头，下鳕鱼块，再把调好的水芡粉倒入锅里翻炒均匀，最后放入炸好的茶叶，起锅。

茶香宫保鳕鱼球：川菜味型丰富，宫保味更是川菜味型中的经典，其味浓重，酸甜可口。鳕鱼球以宫保味型来烹饪，再辅以香脆的茶叶，融合了多种风味，茶香悠悠，既是下里巴人，又是阳春白雪。

TIPS

鳕鱼肉质鲜嫩，炸鳕鱼的时候，千万要注意火候，炸至金黄即可，这样肉质才外酥内嫩。

扫一扫了解更多

新派 No.3

香茅酱炒牛柳

香茅是云南以及东南亚等地非常有代表性的香草之一，因闻着有柠檬的清香气，又被称为柠檬草，在云南傣家菜和越南菜、泰国菜中经常使用，深得吃货们喜爱。

牛柳是川菜常用的食材，方式，口味以麻辣味为主多使用干煸、爆炒等烹饪。使用香茅酱，是川味和东南亚风味的融合，别具一格。

食材

主料

牛柳	150g

配料

青椒	30g
红椒	30g
洋葱	30g
杏鲍菇	80g
香茅酱	100g
盐	适量
鸡蛋	1个
生粉	10g

1 牛柳

牛柳是以牛里脊肉切条而成，肉质滑嫩，适合煎炒。

2 香茅酱

用香茅、辣椒粉、油、姜、蒜混合搅拌而得到的调味酱料，属于香辣口味的酱料，味道喷香浓郁，常用在日常烹饪中做调味。可以自制，超市中也有销售。

3 杏鲍菇

杏鲍菇，又名刺芹侧耳，因其具有杏仁的香味和菌肉肥厚如鲍鱼的口感而得名。杏鲍菇是常见的食用菇，口感软滑，味道鲜美。

1

2

3

步骤

1. 牛肉切丝、码味（盐、鸡蛋、生粉）腌渍10分钟。
2. 青椒、红椒、洋葱切粗丝，杏鲍菇切细条。
3. 取锅，热锅加油，将牛柳倒入翻炒，再加入杏鲍菇、青椒、红椒、洋葱炒香，加入香茅酱，调味即可。

香茅酱炒牛柳：香茅酱香辣咸香，以洋葱、青椒、红椒与杏鲍菇做配料，讲究营养搭配，主菜配菜相辅相成，层次分明。牛柳香嫩，加上微辣的川香味，杏鲍菇鲜美，整道菜香辣味浓，却也透着清爽。

TIPS

香茅酱作为炒牛柳的酱料，本身就有辣味与咸味，所以在烹制过程中，要注意辣椒与盐的用量，在放调料时要根据自己的咸淡口味来调整。

扫一扫了解更多

新派 No.4

泡椒花枝卷

这是一道在川式海鲜名菜泡椒墨鱼仔的基础上进一步创新的菜式。白嫩的墨鱼仔生就一副“萌萌哒”的可爱面孔，配上红红火火的灯笼辣椒和绿色的鲜花椒，清新怡人的色泽让人垂涎欲滴。这道二次创新的泡椒花枝卷，不仅因川式海鲜的麻辣辛香，让人胃口大开，更因为山药的加入，平添了一丝回甜。

食材

主料

小墨鱼仔	5只
山药	100g

墨鱼仔

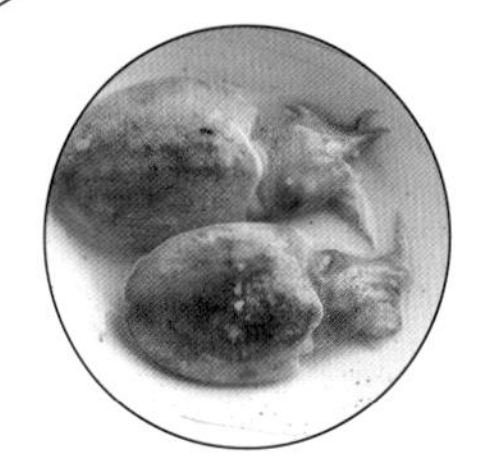

墨鱼仔又称墨斗鱼、乌贼、花枝，是常见的海鲜食材。其烹制方法多样，适合各种口味。

山药

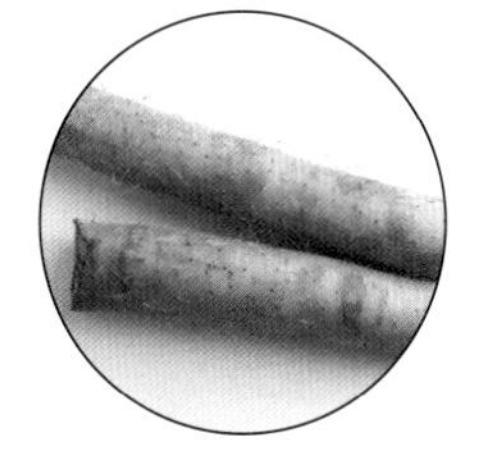

山药又称土薯、淮山、白山药，是我国的传统食药材。山药口感爽脆滑口，在很多的菜式中都有使用，又有助消化、止虚汗等药用效果。

泡姜

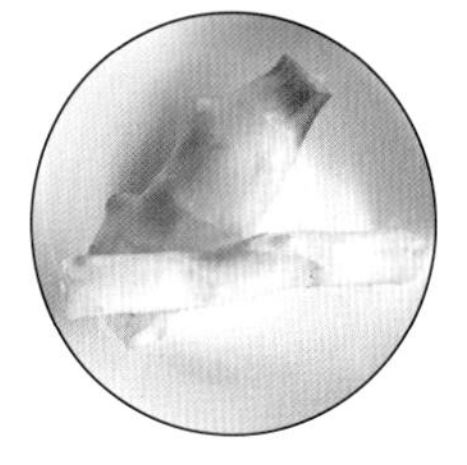

泡椒、泡姜都是相辅相成的，在泡椒味型的菜品中，缺一不可。

泡椒

泡椒是川菜中特有的调味料，以泡菜工艺制成，酸辣可口，一吃，便知道是川式味道。

配料

泡椒	适量
泡姜	适量
鲜花椒	1支
胡椒粉	5g
姜	5g
葱	10g
花雕酒	30g
大蒜	5g
芡粉	3g
菜籽油	适量

泡椒炒料比例

灯笼泡椒	2500g
泡姜	750g
泡小米椒	100g
大蒜粒	250g

注：泡椒炒料为大厨推荐的最佳味道比例及分量。家庭实际制作时，请酌情调整。

步骤

1. 墨鱼仔去皮，清洗干净，顺时针改刀成花形。
2. 墨鱼仔加胡椒粉、姜、葱、花雕酒腌渍。
3. 处理山药，去皮并切成条。将泡姜切成短条，大蒜切粒。
4. 将水烧开，将腌渍好的墨鱼仔放入锅中焯水至翻花，时间不宜过长，捞出，放入冷水中。
5. 锅里下菜籽油适量，待油熟热后，下大蒜粒、泡椒、泡姜、泡小米椒炒香，去多余水分，再下鲜花椒煸炒。
6. 下山药，然后下墨鱼仔，翻炒至熟，勾芡，翻炒均匀后捞出装盘。

泡椒花枝卷：墨鱼仔改刀成花形的花枝卷料理，是日式料理的常见手法。这道菜是“日料”的形与“川菜”的神的完美结合，既保留了花枝卷本身的鲜嫩滑口、清爽脆香的口感，又多了几分酸辣味道，让人口唇留香。

TIPS

要烹好这道菜有两点诀窍，第一是腌制时，要除去墨鱼本身的腥味，再加入胡椒粉，让花枝卷在炒制时味道更为丰富；第二是焯水时，切勿时间过久，否则肉质变老，失去了花枝卷本身的爽脆口感。

扫一扫了解更多

新派 No.5

爽口生菜肉末卷

鲜嫩冰爽的“森女”遇见粗犷火辣的“直男”，穷极变化的新派川菜演绎出令人意想不到又契合无间的“CP组合”。冰镇后的新鲜生菜完美保留了自身的爽脆鲜嫩，柔美之外更增添一份冷傲。特制的川香牛肉末，在美人椒、小米辣的火热激情之外，不失洋葱西芹带来的甜香体贴。这样的天作之合，演绎出爽口生菜肉末卷的万种风情。吃一口，牛肉末的香辣与生菜的冰脆溢满唇齿，不失为冰与火的极致享受。

食材

主料

牛肉	500g
西生菜	200g
西芹	80g

配料

洋葱	70g
老姜	5g
蒜	20g
青美人椒	15g
红美人椒	15g
小米椒碎	3g
葱白	15g
香菜梗	30g
味精	5g
黄瓜	100g
红小米辣	30g
青小米辣	30g
海鲜酱油	250g
冰糖	40g
白糖	40g
大葱白	50g
盐	2g
料酒	5g
生粉	10g
香茅	2g

1 牛肉

目前中国居民的人均牛肉消费量仅次于人均猪肉消费量。且牛肉蛋白质含量高，脂肪含量低，味道更鲜美。其组成比猪肉更接近人体需要。

2 西生菜

西生菜又称球生菜、圆生菜，叶子的形状多为扁长形，从较典型的长椭圆形、披针形到线形都有。西生菜味道清香淡雅，适合多种烹饪。

3 西芹

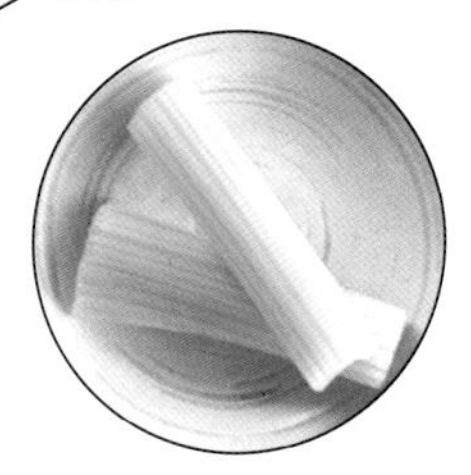

西芹营养丰富，富含蛋白质、碳水化合物、矿物质及多种维生素等营养物质，还含有芹菜油，具有降血压、镇静、健胃、利尿等疗效，是一种保健蔬菜。西芹从国外引入，现在已被国人广泛接受。

步骤

1. 西生菜泡冰水 5 分钟，沥水备用。
2. 牛肉切丁，加盐、料酒、生粉腌渍 10 分钟。
3. 洋葱、老姜、蒜、西芹、青美人椒、红美人椒、香茅、葱白、香菜梗切碎备用。
4. 黄瓜切丝备用，青、红小米辣椒切圈，蒜切片，加入海鲜酱油、水、冰糖，一起泡 10 分钟，备用。
5. 取锅放油，将牛肉炒香，再加入白糖、味精调味，起锅。
6. 大葱白切丝，做配料。

1

2

3 | 4 | 5 | 6

爽口生菜肉末卷：洋葱、老姜、蒜、西芹、美人椒、小米辣等一众中西小料切碎，与牛肉粒一股脑倒进热腾腾的油里翻炒，一起融合一起舞蹈。这种有川香味的牛肉杂酱，足以征服大多数人的味蕾。

秘诀 TIPS

本菜的成功关键在于西生菜泡冰水的时间不可太久，否则会使生菜失去本身的滋味。若家中没有冰块，可以将西生菜加上冷水放进冰箱里静置15分钟。

扫一扫了解更多

新派 No.6

卤香牛肋骨

牛肋条是牛肋骨部位的条状肉，瘦肉多脂肪少，和牛腩肉比口感更为紧实。

卤香牛肋骨这道菜别出心裁地将传统的焖制改为卤制，延长了制作时间，使菜品味道变得更加浓郁芳香。切开后，宛若一团樱花簇拥在内，简直就是一个肉汁丰盈的尤物。

若蘸辣椒粉食用，更会让人酣畅淋漓。

食材

主料

纽西兰牛肋骨 1根

1 牛肋骨

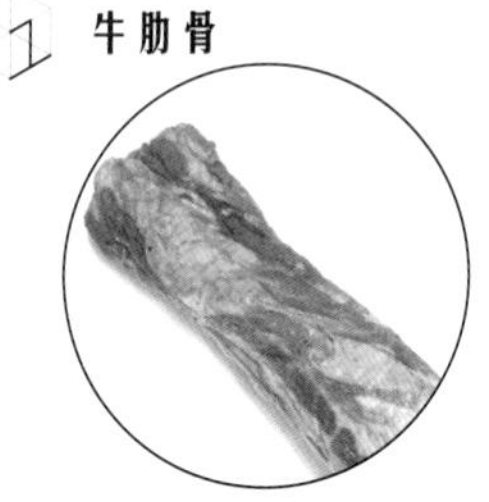

牛的肋骨部分，通常市场上分带有骨头的部分和没带骨头的部分，书中采用带有骨头的完整肋骨。

2 川式卤水

用香叶、草果、豆蔻、桂皮、山柰等香料调制卤水，讲究滋味调和，熬好的卤水色泽棕红，五香味浓厚。还可根据自家人的口味加入辣椒等辣味食材，以增加卤水的麻辣滋味。

配料

秘制川式卤水	1000g
葱段	15g
姜	5g
蒜片	5g
干辣椒粉	10g
黑椒酱	20g

卤水香料比例

自家卤	200g
香叶	5g
草果	5g
豆蔻	5g
桂皮	10g
山柰	2g

1	2
3	4
5	

步骤

1. 准备好牛肋骨及其他配料。
2. 制作卤料：热锅加油，待油烧热后，下葱段、姜、蒜片炒香，下香料炒香，加水熬制。
3. 将牛肋骨放入卤水中卤制 1.5 小时至熟、入味。
4. 锅中下油，加热至七成油温，用淋油方式炸制牛肋骨，待表皮有干脆的效果为止。
5. 牛肋骨切片放在骨头上面摆盘，再撒上干辣椒粉、黑椒酱等。

卤香牛肋骨：在川菜中，大多肉类都可卤制，牛肋骨当然也不在话下。牛肉肉韧有嚼劲，适合久煮的烹饪方法。卤制后的牛肋骨，切片并辅以干辣椒粉蘸料，牛肉的质感加上五香辣味在舌尖绽开，口感立体，让人心满意足。

TIPS

卤水卤制讲究入味，但也要和食材相辅相成。第一，卤制时间不能过久，否则牛肉过咸；第二，卤制时注意牛肋骨的肉质，不能过软，否则会失去牛肉的嚼劲。

扫一扫了解更多

新派 No.7

椒麻面片浸牛腩

川渝两地的美味面食不在少数，做一份外面绝对吃不到的椒麻面片浸牛腩，绝对值得“面食动物”炫耀一番。

按照秘法烹制好的牛腩肉绵实细嫩，肉汁鲜美浓郁，再来一份筋道十足的手工面片，让牛腩、鲜辣的汤汁与面片水乳交融。最后再浇上炒得火热滚烫的辣椒、花椒，只需“刺啦”一声，肉香与麻辣香气随热气扑面而来，令人胃口大开。

食材

主料

牛腩	200g
面块	150g

1 牛腩

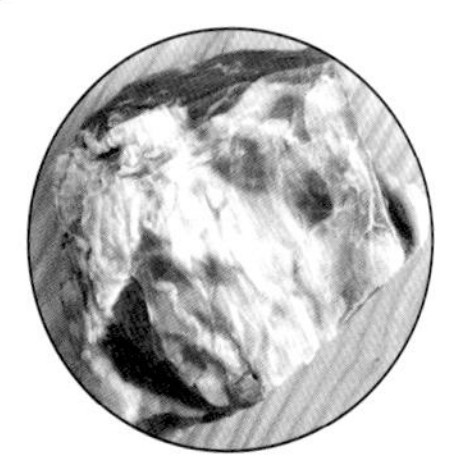

牛腩即牛腹部及靠近牛肋处的松软肌肉，是指带有筋、肉、油花的肉块，这只是一种统称，是取自肋骨间的去骨条状肉，瘦肉较多，脂肪较少，筋也较少，适合红烧或炖汤。

2 面块

面粉加水调和，用双手反复揉搓，直至柔和，再用擀面棒擀成薄片，撒上朴面裹成数层，用刀切成约二寸长、五分宽的长条块，可自己做，也可在外买来。

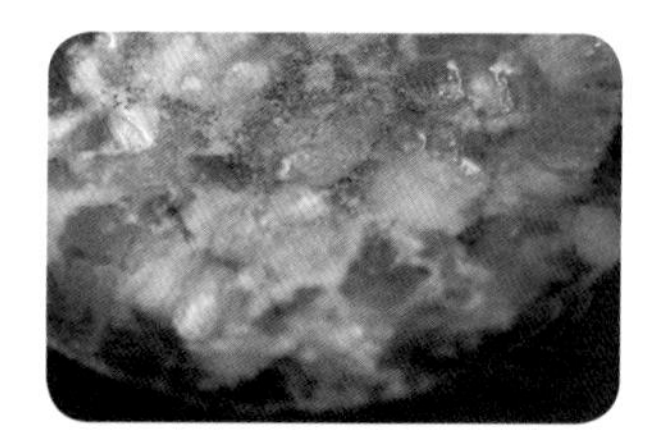

配料

小米辣	20g
鲜花椒	8g
干青花椒	8g
姜粒	30g
蒜粒	30g
豆瓣	50g
糖	1g
香辣酱	500g
白酒	20g
美人椒	10g
香菜	10g

步骤

1
2
3
4

1. 将小米辣切丁备用。牛腩切块，汆水备用。
2. 锅里加油烧热，先将姜粒、蒜粒炒香，然后加入豆瓣炒香，再加入香辣酱、牛腩翻炒，加白酒提味，最后加入水，大火烧开，小火炖 1 小时。
3. 将面块下锅煮 3 ～ 5 分钟，面块熟透后起锅倒入碗里。
4. 取净锅加油烧热，将美人椒、小米辣、鲜花椒、干青花椒下锅拌匀，起锅倒入碗里，上面撒上香菜即成。

椒麻面片浸牛腩：烹制好的牛腩肉绵实细嫩，汤汁的浓香和美味的肉香融合在一起，吃一口就让人心满意足。小米辣与豆瓣赫然在列，鲜香麻辣，椒麻汤汁是十足的川菜口味，再将北方气息的面片加入到香辣的牛腩汤汁中，整道菜更加有料，实实在在的肉与面粉，让人充实愉悦。

TIPS

这道菜的关键是牛腩炖制过程中的火候：大火烧开后，要改用小火慢炖，这样汤汁与牛腩的肉香才会结合得更为美妙。另外炖制过程中要注意汤汁的多少，不可烧干，也不能过多。

扫一扫了解更多

新派 No.8

和风洋芋沙拉配川味香肠

不论是东方饮食还是西方饮食，几乎每个国家的人都对土豆（洋芋）有着不同程度的热爱。低调而又百搭的土豆或许是吃法最多的食材之一了，而土豆沙拉配川味香肠更是一道既高大上又接地气的神奇的美食。

土豆泥绵密柔软，口感厚实香糯，算得上是最好的美食基底。将嫩嫩的鸡蛋、红红的胡萝卜、青翠的小黄瓜、鲜辣十足的川式香肠，同沙拉酱混合，舀一勺，放在嘴中，即刻可以感受到土豆泥的绵香，沙拉酱的甜辣，鸡蛋的鲜嫩，胡萝卜、小黄瓜的爽脆，最后触碰到香肠丁，熟悉的家乡味道袭来。

主料

土豆	200g
川味香肠	100g
日本小黄瓜	2 根
胡萝卜	1 根
熟鸡蛋	1 个

1 川味香肠

川味香肠是四川百姓的传统年货，在灌制时会加上辣椒或花椒，味道香辣，烟熏后，滋味更加厚重咸香。

2 土豆

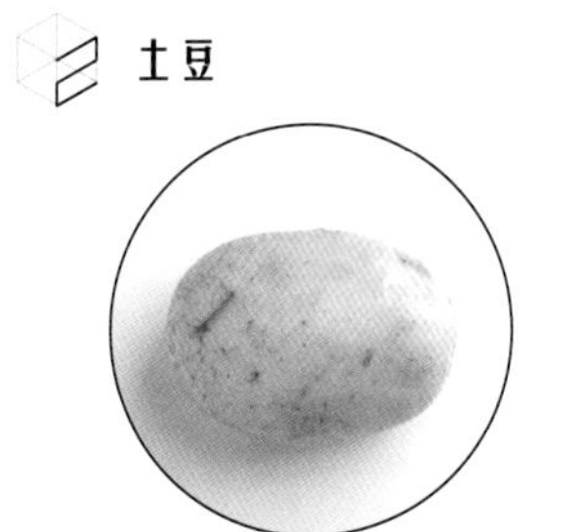

土豆，又称马铃薯，是世界范围内的常见食材，适合炒、红烧等多种烹饪方法。

3 胡萝卜

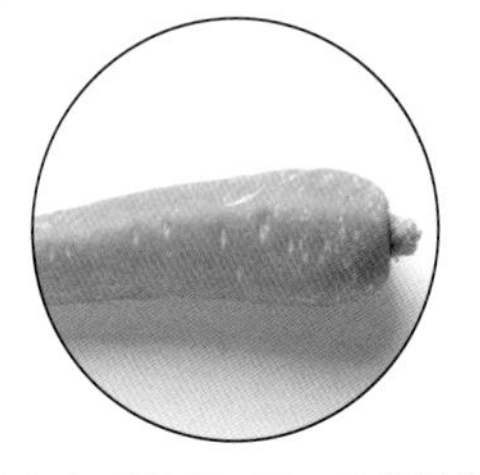

胡萝卜肉质清脆，是一种常见的家庭蔬菜，营养丰富，有“小人参”之称。

4 日本小黄瓜

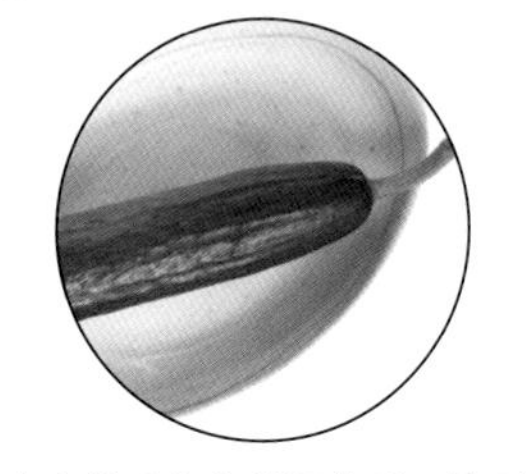

日本小黄瓜较之普通黄瓜，体形较短，口感爽脆，汁多，味道更甘甜。

配料

盐	适量
绿芥末	10g
白糖	15g
胡椒粉	5g
蛋黄酱	300g

1. 土豆去皮，改切成 0.8 厘米厚的片，冲水去掉表面淀粉使其翻沙；黄瓜切成圆薄片，胡萝卜切片，准备好鸡蛋、香肠。
2. 将土豆、胡萝卜、鸡蛋放于蒸笼底层，香肠放于蒸笼上层，避免串味，蒸 20 分钟确保食材熟透。
3. 日本小黄瓜切片，用盐拌匀，放置 10 分钟后用水冲去盐分，再挤掉水分。
4. 蒸熟的土豆用密眼篦子和沙拉盆盛好，然后用饭铲碾细，漏下成泥。
5. 胡萝卜改刀切丁，鸡蛋剥壳切成小块，香肠切丁。
6. 把处理好的辅料全部放进土豆泥里，加入绿芥末、白糖、胡椒粉、蛋黄酱拌匀。
7. 摆盘出菜。

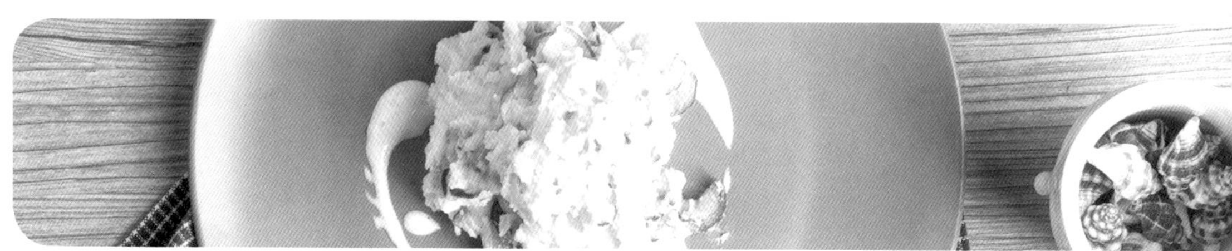

和风洋芋沙拉配川味香肠：川味香肠是川人冬天的乡愁。熏制好的香肠，便于保存，在食用时，蒸熟煮热即可，操作简便；沙拉是国外菜式中的冷盘菜，健康、低卡路里是沙拉的特点。两者相遇，新鲜蔬果味下隐藏的熟悉家乡味，足以打动深谙美食精髓的您。

TIPS

这道菜制作时将土豆碾成泥是关键，除了在蒸制时要将土豆蒸得肉软易烂，更要在用篦子碾土豆泥时快速地碾好，不能让这个步骤时间过久，以避免土豆泥发黏，口感受到影响。

扫一扫了解更多

可拆卸菜谱

宫保鸡丁

主料

鸡腿	200g
花生米	50g
葱	50g

配料

干辣椒	5g
刀口辣椒	2g
花椒	2g
料酒	25g
盐	5g
白糖	20g
醋	15g
味精	5g
淀粉	10g
姜米	2g
蒜米	2g
油	10g
食用油	适量

1. 鸡腿剔骨，注意将筋斩断，切成丁。
2. 将葱切成段，干辣椒切成节。
3. 鸡肉丁加盐、淀粉，裹粉、码味。
4. 用料酒、醋、白糖、淀粉、盐、味精兑好宫保汁。
5. 热锅加油，将油烧至温热，依次加干辣椒节、花椒、姜米、蒜米、鸡肉丁，炒散籽。
6. 加花生米、葱段、宫保汁，翻炒起锅。

合川肉片

食材

主料

腿尖肉	150g
黑木耳	25g
玉兰片	50g

配料

料酒	5g
糖	20g
醋	15g
盐	2g
味精	2g
姜片	5g
葱段	20g
菜籽油	适量
淀粉	适量
鸡蛋	1个

步骤

1. 腿尖肉切片，玉兰片焯水，黑木耳泡发；备好配料，待用。
2. 用盐、蛋黄、淀粉、清水将肉码味裹粉。
3. 菜籽油加热后，放入肉片，翻面煎炸，至肉色金黄，夹出锅备用。
4. 放入葱段、姜片，加水调味，煮开后，捞出葱段、姜片，放入木耳、玉兰片。
5. 勾芡，放醋、糖，放入炸好的肉、剩余的葱段，翻炒几下起锅。

红烧牛腩

主料

牛腩	500g
土豆	300g

配料

豆瓣	5g
干辣椒	10g
花椒	1g
姜片	10g
葱段	15g
山柰	3g
八角	2g
草果	2g
味精	3g
白糖	3g
料酒	20g
食用油	适量
盐	5g

1. 先将牛腩切成大块，下水煮熟，去血泡。
2. 土豆切块，准备好配料。
3. 牛腩煮熟后捞出，等冷却后，切成小块。
4. 热锅加油，待油热后，下姜片、葱段、豆瓣及各种香料，炒香。
5. 下牛肉翻炒，加入花椒、干辣椒，继续翻炒。
6. 加水、料酒、盐、味精、糖调味，将锅盖盖上，焖烧 4 小时。
7. 待牛肉烧熟后，加入土豆，继续炖至土豆熟透，起锅盛盘。

琥珀桃仁

主料

桃仁	200g
白芝麻	2g

配料

白糖	50g
油	适量

1. 将核桃仁煮熟，然后剥皮。
2. 砂锅中加水烧开，放入白糖，将白糖熬化。
3. 将核桃仁倒入白糖水中，小火煮，到水差不多干后，捞出核桃仁。
4. 热锅加油，待油烧热后，加入煮好的核桃仁，炸至干脆，起锅撒上白芝麻即成。

豆腐鲫鱼

主料

鲫鱼	5条（约500g）
豆腐	250g

配料

姜	10g
蒜	10g
豆瓣	15g
泡椒	10g
花椒	1g
盐	2g
味精	2g
醋	1g
水芡粉	10g
料酒	5g
油	200g
辣椒面	5g
葱花	少许

1. 将鱼处理干净，将姜、蒜剁碎成姜、蒜米，将豆腐切成条，放置待用。
2. 将油烧熟，放入鲫鱼，炸至籬皮，起锅。
3. 热锅加油，待油温热，依次加入姜米、蒜米、豆瓣、泡椒、辣椒面、花椒炒香。
4. 加水，煮开，放入炸好的鱼。
5. 放入豆腐，加盐、味精、醋、料酒，焖烧 10 分钟。
6. 勾芡，撒葱花起锅。

酿苦瓜

食材

主料

苦瓜	400g
夹子肉	200g

配料

盐	2g
味精	3g
姜米	3g
姜片	5g
葱段	5g
糖	2g
生粉	适量

步骤

1. 将夹子肉切碎，剁成肉末，准备好配料。
2. 苦瓜去两头，将中间的瓤戳穿去除。
3. 加水，待水烧开后，下苦瓜，将苦瓜煮熟，以减少苦味，捞出。
4. 准备盐、糖、姜米、味精、清水，将肉码味，拌料。
5. 将拌好的肉末灌入苦瓜中。
6. 灌好的苦瓜放入蒸笼里，蒸10分钟，苦瓜蒸好，切块，装盘。
7. 热锅加油，下姜片、葱段炒制，再加水，勾芡，水烧开后捞出姜葱，倒在装好盘的苦瓜上。

水煮肉片

食材

主料

夹子肉	150g
空心菜	200g

配料

豆豉	5g
姜米	3g
蒜米	3g
豆瓣	20g
辣椒面	10g
味精	2g
盐	2g
淀粉	2g
糖	2g
料酒	5g
淀粉	10g
葱花	10g
油	50g

步骤

1. 夹子肉切片、空心菜理好淘洗后备用，准备好其他配料。
2. 用清水、盐、淀粉将肉码味裹粉。
3. 锅加油烧热，放入空心菜，炒熟后捞起；下姜米、蒜米、豆瓣炒香，再放入豆豉、辣椒面翻炒，加水，烧开。
4. 锅中加入糖、盐、味精、料酒调味，下肉片。
5. 待肉片煮熟后起锅，撒上辣椒面、蒜米；热油，将热好的油淋在菜品上，再撒上葱花。

原笼玉簪

食材

主料

猪排骨	400g
红薯	250g
蒸肉粉	100g

配料

豆瓣	20g
辣椒面	5g
葱	2g
花椒面	2g
味精	5g
白糖	5g
料酒	50g
姜米	5g
盐	5g

步骤

1. 排骨剁成块，红薯切条，葱切成葱花，其他配料准备好。
2. 热锅加油，下姜米、豆瓣、辣椒面，炒香，加入白糖、味精、料酒调味，盛出拌料。
3. 排骨用盐水、炒好的拌料、蒸肉粉混合拌好。
4. 红薯、排骨依次放入蒸笼，盖上盖，大火蒸 20 分钟。
5. 蒸好后，撒上花椒面、葱花。

鱼香肉丝

主料

里脊肉	150g
大葱	25g

配料

姜米	10g
蒜米	10g
泡椒	20g
糖	20g
醋	10g
盐	1g
味精	2g
料酒	10g
淀粉	10g
油	适量

1. 里脊肉切成肉丝，大葱切段，准备好姜米、蒜米、泡椒。
2. 用醋、料酒、糖、淀粉、盐调鱼香汁。
3. 用淀粉、清水、盐将肉码味裹粉。
4. 热锅加油，油热后，下姜米、蒜米、泡椒、肉丝。
5. 下鱼香汁、葱段，翻炒起锅。

银杏乌鸡炖猪肚

主料

猪肚	100g
乌鸡	150g

配料

银杏果	20 颗
大枣	1 颗
枸杞子	6 颗

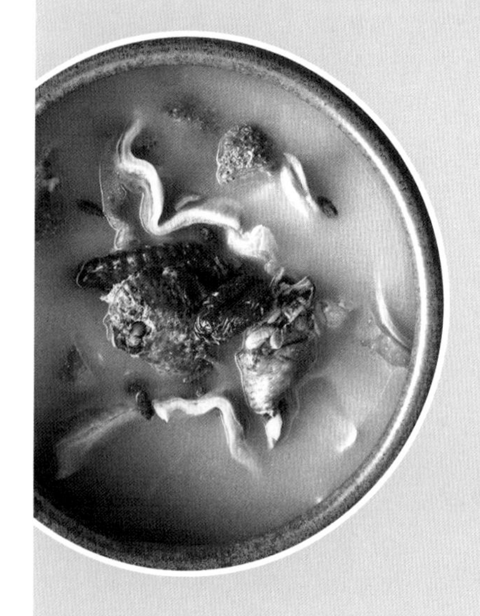

1. 枸杞子、大枣、银杏果泡水。
2. 将鸡肉、猪肚氽水，捞出。
3. 锅中加水，加入所有材料一起文火炖 2 小时。

蚂蚁上树

主料

干粉丝	50g
肉末	50g
葱花	10g

配料

豆豉	10g
豆瓣	15g
姜米	15g
蒜米	15g
辣椒面	5g
花椒	1g
盐	2g
味精	5g
淀粉	2g

1. 切葱花、姜米、蒜米，将豆豉剁碎。
2. 热锅加油，油烧温后，放入干粉丝，炸泡随即起锅。
3. 炒肉末，放入姜米、蒜米、豆豉、豆瓣、辣椒面、花椒炒香。
4. 加水，再放入炸好的粉丝。
5. 加入盐、味精调味，勾芡，加入葱花起锅。

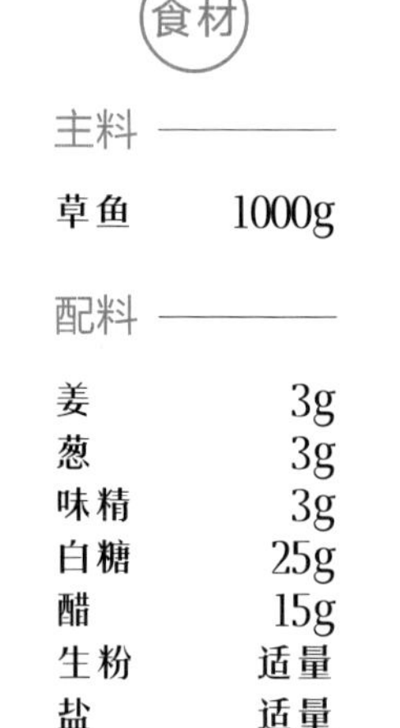

糖醋菊花鱼

食材

主料

草鱼	1000g

配料

姜	3g
葱	3g
味精	3g
白糖	25g
醋	15g
生粉	适量
盐	适量
料酒	适量
油	适量
水芡粉	适量

步骤

1. 草鱼洗净改刀，去骨，将肉剔下，改刀花形；切好葱段、姜片，准备好配料。
2. 鱼肉用盐、料酒混合码味，裹上生粉。
3. 热锅加油，将油烧热后，下鱼油炸，炸至金黄，捞出装盘。
4. 下姜片、葱段，加水，放入盐、味精，水烧开后，将葱、姜捞出；勾芡，加醋、白糖稍等片刻起锅装盘，在炸好的鱼上挂糖醋汁。

糖醋排骨

主料

排骨	500g

配料

姜	3g
葱	3g
盐	3g
糖	50g
醋	20g
味精	2g
料酒	10g

1. 排骨剁成7厘米长的小块，切好姜片、葱段。
2. 热锅加油，放入葱段、姜片，加入排骨，爆炒炒香；加入料酒，继续翻炒。
3. 加水，将葱段、姜片夹出，用漏勺打去泡沫，加入盐、糖、醋、味精，调味。
4. 煮至锅中还有少许水，翻炒，起锅。

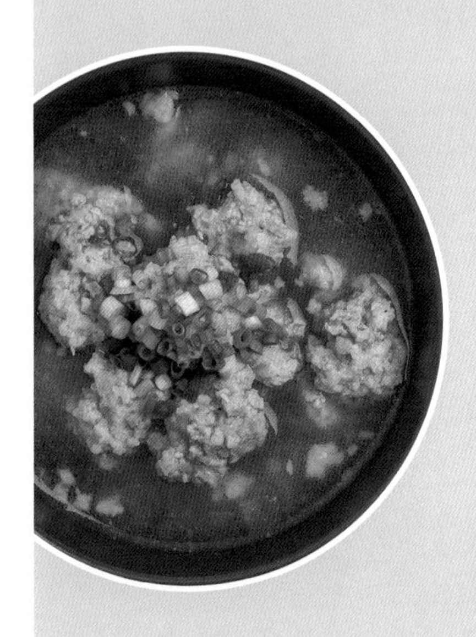

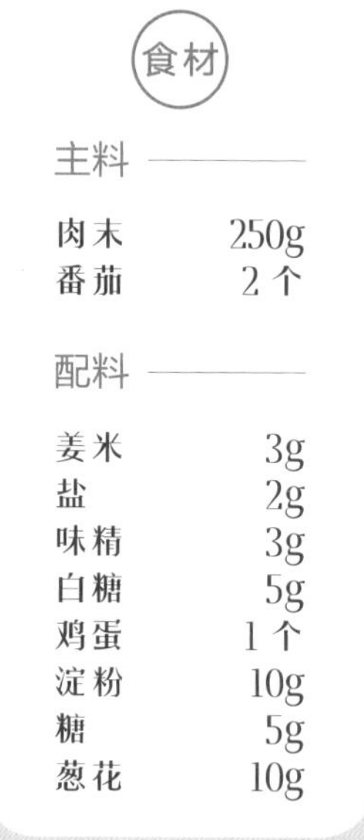

番茄丸子汤

食材

主料

肉末	250g
番茄	2 个

配料

姜米	3g
盐	2g
味精	3g
白糖	5g
鸡蛋	1 个
淀粉	10g
糖	5g
葱花	10g

步骤

1. 准备好肉末，切好配料。烧开水，下番茄烫煮，捞出剥皮，切成丁。
2. 热锅加油，下番茄炒至翻沙，加水，烧开。
3. 用盐、姜米、清水、鸡蛋清及少许淀粉和好肉末。
4. 汤烧开后，用勺子舀丸子下锅。
5. 调味，加入味精、盐、糖，煮熟起锅，撒葱花。

干煸鳝鱼

主料

鳝鱼	250g
黄豆芽	250g

配料

姜米	3g
蒜米	3g
豆瓣	15g
辣椒面	5g
花椒面	2g
料酒	3g
糖	3g
味精	3g
盐	2g

1. 鳝鱼切丝，黄豆芽去头去尾，切好姜米、蒜米，准备好配料。
2. 热锅加油，待油烧热，下鳝丝，将鳝丝炒熟，煸干。
3. 加料酒、黄豆芽，继续煸炒，至汁水收干。
4. 下姜米、蒜米、豆瓣，炒香，再与鳝丝、黄豆芽混炒，后加料酒，再放盐、味精、辣椒面调味。
5. 起锅，撒上花椒面。

干烧小黄鱼

食材

主料

小黄鱼	1条

配料

姜	30g
蒜	30g
豆瓣	80g
香辣酱	50g
生粉	10g
小葱	10g
油	100g

步骤

1. 小葱切成葱花，姜蒜切成粒。
2. 小黄鱼改刀。
3. 锅中加油，烧至七成热，将小黄鱼炸至表皮金黄，沥油备用。
4. 另起锅放油，将姜蒜炒香，再放入豆瓣、香辣酱炒香；加水熬5分钟，将黄鱼下锅煮2分钟后捞出。
5. 将生粉调水，入锅后将汁收芡，淋在鱼上，撒上葱花。

家常豆腐

主料

南豆腐	250g
玉兰片	25g
黑木耳	10g
二刀肉	25g

配料

马耳葱	15g
姜米	10g
蒜米	10g
豆瓣	15g
泡椒	10g
盐	2g
味精	5g
白糖	2g
料酒	5g
水芡粉	10g

1. 将豆腐切成三角块，二刀肉切片，葱切成马耳状，备好配料。
2. 玉兰片焯水煮熟，捞出。
3. 热锅加油，豆腐下锅，煎至两面金黄。
4. 下肉片煎炒，再加入姜蒜米、豆瓣、泡椒炒香。
5. 加水，下豆腐、黑木耳、玉兰片、葱，加入白糖、味精、盐调味。
6. 勾芡起锅。

豉油四季豆

主料

四季豆	200g
小米辣	10g

配料

姜米	3g
蒜米	3g
蚝油	10g
豉油	5g
味精	2g
盐	2g

1. 将四季豆切条，小米辣切片。
2. 四季豆焯水煮半熟，捞出。
3. 热锅加油，加入姜米、蒜米、小米辣，下锅炒香。
4. 四季豆下锅煸炒，加入蚝油、豉油、味精、盐调味。
5. 翻炒至熟，起锅。

水煮泰国极品耗儿鱼

主料

泰国耗儿鱼	8只 (1只约85g)

配料

小水笋	300g
麻辣底料	200g
姜	15g
葱	15g
花雕酒	15g
胡椒粉	5g
高汤	适量
干辣椒	15g
干花椒	10g
熟芝麻	适量

麻辣底料比例

菜油	4000g
老姜	200g
葱头	300g
辣椒节	300g
干花椒	200g
郫县豆瓣	2000g
泡椒末	1500g
泡姜末	500g
秋霞火锅底料	2包
香水鱼底料	5包
炒香花生碎	500g
老干妈	2瓶
十三香	1包

底料炒制

锅里放菜油、下姜葱炼油再捞起，下干辣椒、干花椒、豆瓣、泡椒末、泡姜末小火炒香（约1小时），再加火锅底料和香水鱼底料炒10分钟，加提前炒香的花生碎和老干妈，起锅时放十三香。

注：麻辣底料为大厨推荐的最佳味道比例及分量。家庭实际制作时，请酌情调整。

1. 炒制麻辣底料，炒好后舀出备用。
2. 小水笋片成薄片，切好姜、葱、干辣椒节，将炒好的麻辣底料舀出，备用。
3. 耗儿鱼解冻，用盐、姜、葱、花雕酒、胡椒粉码味。
4. 锅里下油，到七成油温时下耗儿鱼，炸3分钟起锅，炸至金黄（起到紧皮、煮时肉不散的作用）。
5. 锅里下底料（200g），加入高汤，下鱼和笋，调味，煮至入味起锅。
6. 锅里下100g油，烧热。把干辣椒节和干花椒撒在鱼上，淋热油，撒上葱花、熟芝麻即可。

渝派麻辣凤尾老虎虾球

主料

老虎虾	10只
白玉菇	100g
海鲜菇	100g

配料

辣椒节	15g
葱花	15g
胡椒粉	5g
花雕酒	15g
盐	5g
高汤	150g
藤椒油	200mL
干辣椒	15g
干花椒	10g
油	300g
熟白芝麻	适量

麻辣底料比例

猪油	1000g
菜油	1500g
豆瓣	250g
干辣椒加少许香料（八角、桂皮、香叶、小茴香）	适量
泡姜	150g
泡椒	150g
过水干花椒	250g
麻辣鱼佐料	2包
火锅底料	1包

底料炒制

猪油、菜油倒入锅里，加姜葱炼油，加入豆瓣、干辣椒，加少许香料、泡姜、泡椒，用中小火炒1小时左右至香，再加过水干花椒、麻辣鱼佐料、火锅底料炒10分钟即可，备用，切记不要炒煳。

注：麻辣底料为大厨推荐的最佳味道比例及分量。家庭实际制作时，请酌情调整。

1. 炒制麻辣底料。
2. 将冷冻老虎虾解冻，洗净；将白玉菇、海鲜菇去头，洗净备用；辣椒切节、葱切葱花。
3. 老虎虾加胡椒粉、花雕酒、盐码味5 ~ 10分钟，上浆备用。
4. 锅里下油烧热，加炒好的底料和高汤，两种菇同时下，煮熟入味。
5. 放虾仁，调味，煮熟后加藤椒油起锅。
6. 锅里下油，下干辣椒节，炒至干花椒变色炝香。将油淋在虾的上面，撒上葱花、熟白芝麻即可。

油淋藏区牦牛干巴配芝士球

食材

主料

藏区牦牛干巴 300g
芝士球 15 个

配料

炸薄荷叶 2g
姜 15g
蒜 15g
干辣椒 25g
干花椒 8g
辣椒面 10g
白糖 5g
味精 1g
熟芝麻 5g
香油 2g
藤椒油 2g

芝士球制作比例

马苏拉里芝士碎 100g
土豆泥 500g
吉士粉 20g
面粉 80g
生粉 60g

以上全部拌匀，搓成球下油锅炸成型。

步骤

1. 制作芝士球备用。
2. 干巴切 0.2 厘米厚薄片，切好姜片、蒜片、干辣椒节。
3. 锅里烧水把干巴片焯水（干巴肉咸，得多焯一会），起锅。
4. 锅内放冷油，略温时，炸薄荷叶，捞出，炸干巴、芝士球，捞起备用。
5. 将炸后的干巴回锅与姜片、蒜片一起煸至快干香时，下干辣椒节、干花椒，一起煸香出味，加辣椒面、白糖、味精调味，加熟芝麻，加入炸好的芝士球一起煸炒，淋入香油、藤椒油起锅。
6. 装盘后撒上炸好的薄荷叶即可。

炒花甲

主料

花甲	400g

配料

豆瓣	3g
泡椒酱	20g
蚝油	5g
蒜米	10g
料酒	5g
味精	3g
盐	2g
小葱	10g
油	100g
姜	20g

1. 将花甲洗净，切好小葱花、蒜米、姜米，准备好其他配料。
2. 锅中加水烧开，下花甲，烹入料酒煮至花甲开壳，然后捞出。
3. 热锅加油，待油烧热后，下姜米、蒜米、泡椒酱、豆瓣炒香，加入蚝油、一勺清水。
4. 烧开后，下花甲翻炒，加盐、味精调味，再加小葱花，翻炒入味即可出锅。

火爆鳝片

食材

主料

鳝鱼	250g

配料

蒜薹	100g
芹菜	50g
姜米	5g
蒜米	5g
青泡椒	150g
花椒粒	10g
豆瓣	10g
白糖	3g
盐	2g
料酒	10g
干辣椒	15g
辣椒面	5g
油	150g
味精	5g

1. 鳝鱼切片，切好蒜薹段、芹菜节，准备好其余配料。
2. 热锅加油，待油烧热，下干辣椒、青泡椒、豆瓣、辣椒面、姜米、蒜米炒香。
3. 下鳝鱼片爆炒，加白糖、盐、味精调味。
4. 下蒜薹、芹菜，炒熟起锅。

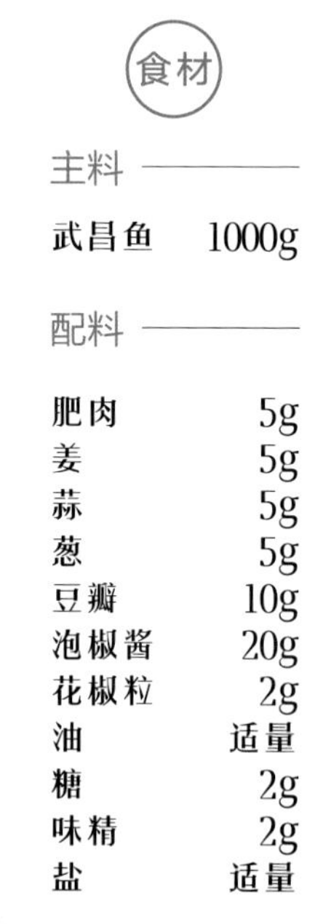

干烧武昌鱼

食材

主料

武昌鱼	1000g

配料

肥肉	5g
姜	5g
蒜	5g
葱	5g
豆瓣	10g
泡椒酱	20g
花椒粒	2g
油	适量
糖	2g
味精	2g
盐	适量

1. 武昌鱼洗净去鳞，划好十字。
2. 切肥肉粒、蒜粒、姜粒、葱花，准备好配料。
3. 热锅加油，待油烧热后，下姜粒、蒜粒、肥肉粒，炒香。
4. 下武昌鱼两面煎炸，至皮呈金黄色，捞出。
5. 下泡椒酱、花椒粒、豆瓣炒香，加水煮开。
6. 去渣，加入糖、盐、味精调味，下鱼、姜粒、蒜粒、肥肉粒。
7. 烧干起锅，撒上葱花即成。

川式油焖阿根廷红虾

食材

主料

阿根廷红虾	10只

配料

干脆椒	适量
香辣酱	适量
花雕酒	15g
胡椒粉	少许
盐	少许
干辣椒	20g
干花椒	10g
姜	15g
蒜	15g
白糖	2g
鸡精	2g
料酒	5g
味精	2g
藤椒油	200mL
芝麻油	200mL

香辣酱的制作

锅里下菜油3000g炼熟，加色拉油5000g，加老姜、洋葱、大葱、香菜、大蒜炼油后捞起，待用。锅里下糍粑辣椒、豆瓣、泡椒末、泡姜末一起用中小火炒约1小时，加香辣酱和香水鱼佐料再炒10分钟，最后下五香粉和十三香，混合均匀，盛出备用。锅里再下2500g色拉油，加辣椒节和干花椒炝油后倒入上一步制成的酱中。放入炼过油的姜葱蒜即成。

注：香辣酱为大厨推荐的最佳味道比例及分量。家庭实际制作时，请酌情调整。

步骤

1. 虾开背去沙线，准备好香辣酱，将干脆椒剁碎、干辣椒切节。
2. 处理好的红虾用花雕酒、胡椒粉、少许盐腌渍。
3. 锅内放适量油，待油温七成热时，下虾过油，待皮炸脆捞出。
4. 锅里放少许油，加干辣椒节、干花椒、姜蒜适量一起炝锅，下香辣酱和料酒，再下虾，加白糖、味精、鸡精调味。
5. 起锅前放入藤椒油、芝麻油、干脆椒，翻炒均匀后起锅。

姜爆蛙

主料

小牛蛙	500g
子姜	50g
小米辣	20g

配料

豆瓣	5g
泡椒	20g
蒜米	10g
盐	3g
味精	3g
料酒	20g
油	适量

1. 子姜、小米辣切丝，准备好配料。
2. 锅中放油，烧热后下蒜米、泡椒、豆瓣炒香。
3. 加料酒、水、小米辣、牛蛙。
4. 烧入味起锅。

鳗鱼蒲烧配四川泡菜

主料

日式蒲烧鳗鱼1片

配料

四川泡菜	100g
柠檬爆珠	50g
藕片	100g
卵磷脂	4g
紫苏叶	1片
柠檬汁	400g
纯净水	350g

泡菜水用料

泡小米辣椒	1袋
冰糖	100g
味精	15g
姜	少许
蒜片	少许
干花椒	少许

柠檬爆珠比例

柠檬汁	10g
糖浆	40g
纯净水	200g
海藻胶粉	2.5g

搅拌均匀，用鱼仔发生器滴入钙水（纯净水1000mL加钙粉6.5g搅拌均匀），在里面泡2分钟捞起，在纯净水中清洗即可。

1. 准备泡藕片及其他配料。
2. 制作柠檬爆珠。
3. 加柠檬汁、纯净水和卵磷脂，用高速搅拌棒搅拌，再吹出泡沫。
4. 蒲烧鳗鱼改刀，入微波炉高火转3分钟。
5. 装盘：紫苏叶上放鳗鱼，边上放上泡菜，用小勺装上爆珠，配上泡沫即可。

茶香宫保鳕鱼球

主料

鳕鱼	1块

配料

碧螺春绿茶	10g
姜	5g
蒜	5g
葱头	5g
干辣椒	5g

宫保汁比例

白糖	50g
保宁醋	35g
盐	3g
味精	5g
淀粉	8g

(制作成水芡粉)

1. 鳕鱼改成2厘米见方的块。切好姜、蒜、葱头、干辣椒节。
2. 鳗鱼块用胡椒粉、盐码味，用蛋液裹一下，加干淀粉裹匀。
3. 用白糖、醋、盐、味精、淀粉制作宫保汁。
4. 茶叶泡开捞起，用油炸干香。
5. 将鳕鱼块下油锅炸至金黄色，捞出。
6. 锅里下油，加干辣椒、干花椒、姜、蒜片炝锅煸香，加葱头，下鳕鱼块，再把调好的水芡粉倒入锅里翻炒均匀，最后放入炸好的茶叶，起锅。

香茅酱炒牛柳

食材

主料

牛柳	150g

配料

青椒	30g
红椒	30g
洋葱	30g
杏鲍菇	80g
香茅酱	100g
盐	适量
鸡蛋	1个
生粉	10g

1. 牛肉切丝、码味（盐、鸡蛋、生粉）腌渍 10 分钟。
2. 青椒、红椒、洋葱切粗丝，杏鲍菇切细条。
3. 取锅，热锅加油，将牛柳倒入翻炒，再加入杏鲍菇、青椒、红椒、洋葱炒香，加入香茅酱，调味即可。

泡椒花枝卷

主料

小墨鱼仔	5只
山药	100g

配料

泡椒	适量
泡姜	适量
鲜花椒	1支
胡椒粉	5g
姜	5g
葱	10g
花雕酒	30g
大蒜	5g
芡粉	3g
菜籽油	适量

泡椒炒料比例

灯笼泡椒	2500g
泡姜	750g
泡小米椒	100g
大蒜粒	250g

注：泡椒炒料为大厨推荐的最佳味道比例及分量。家庭实际制作时，请酌情调整

1. 墨鱼仔去皮，清洗干净，顺时针改刀成花形。
2. 墨鱼仔加胡椒粉、姜、葱、花雕酒腌渍。
3. 处理山药，去皮并切成条。将泡姜切成短条，大蒜切粒。
4. 将水烧开，将腌渍好的墨鱼仔放入锅中焯水至翻花，时间不宜过长，捞出，放入冷水中。
5. 锅里下菜籽油适量，待油熟热后下大蒜粒、泡椒、泡姜、泡小米椒炒香，去多余水分，再下鲜花椒煸炒。
6. 下山药，然后下墨鱼仔，翻炒至熟，勾芡，翻炒均匀后捞出装盘。

爽口生菜肉末卷

主料

牛肉	500g
西生菜	200g
西芹	80g

配料

洋葱	70g
老姜	5g
蒜	20g
青美人椒	15g
红美人椒	15g
小米椒碎	3g
葱白	15g
香菜梗	30g
味精	5g
黄瓜	100g
红小米辣	30g
青小米辣	30g
海鲜酱油	250g
冰糖	40g
白糖	40g
大葱白	50g
盐	2g
料酒	5g
生粉	10g
香茅	2g

1. 西生菜泡冰水 5 分钟，沥水备用。
2. 牛肉切丁，加盐、料酒、生粉腌渍 10 分钟。
3. 洋葱、老姜、蒜、西芹、青美人椒、红美人椒、香茅、葱白、香菜梗切碎备用。
4. 黄瓜切丝备用，青、红小米辣椒切圈，蒜切片，加入海鲜酱油、水、冰糖，一起泡 10 分钟，备用。
5. 取锅放油，将牛肉炒香，再加入白糖、味精调味，起锅。
6. 大葱白切丝，做配料。

卤香牛肋骨

主料

纽西兰牛肋骨	1根

配料

秘制川式卤水	1000g
葱段	15g
姜	5g
蒜片	5g
干辣椒粉	10g
黑椒酱	20g

卤水香料比例

自家卤	200g
香叶	5g
草果	5g
豆蔻	5g
桂皮	10g
山奈	2g

1. 准备好牛肋骨及其他配料。
2. 制作卤料：热锅加油，待油烧热后，下葱段、姜、蒜片炒香，下香料炒香，加水熬制。
3. 将牛肋骨放入卤水中卤制 1.5 小时至熟、入味。
4. 锅中下油，加热至七成油温，用淋油方式炸制牛肋骨，待表皮有干脆的效果为止。
5. 牛肋骨切片放在骨头上面摆盘，再撒上干辣椒粉、黑椒酱等。

椒麻面片浸牛腩

主料

牛腩	200g
面块	150g

配料

小米辣	20g
鲜花椒	8g
干青花椒	8g
姜粒	30g
蒜粒	30g
豆瓣	50g
糖	1g
香辣酱	500g
白酒	20g
美人椒	10g
香菜	10g

1. 将小米辣切丁备用。牛腩切块，汆水备用。
2. 锅里加油烧热，先将姜粒、蒜粒炒香，然后加入豆瓣炒香，再加入香辣酱、牛腩翻炒，加白酒提味，最后加入水，大火烧开，小火炖1小时。
3. 将面块下锅煮3～5分钟，面块熟透后起锅倒入碗里。
4. 取净锅加油烧热，将美人椒、小米辣、鲜花椒、干青花椒下锅拌匀，起锅倒入碗里，上面撒上香菜即成。

和风洋芋沙拉配川味香肠

主料

食材	用量
土豆	200g
川味香肠	100g
日本小黄瓜	2根
胡萝卜	1根
熟鸡蛋	1个

配料

盐	适量
绿芥末	10g
白糖	15g
胡椒粉	5g
蛋黄酱	300g

1. 土豆去皮，改切成 0.8 厘米厚的片，冲水去掉表面淀粉使其翻沙；黄瓜切成圆薄片，胡萝卜切片，准备好鸡蛋、香肠。
2. 将土豆、胡萝卜、鸡蛋放于蒸笼底层，香肠放于蒸笼上层，避免串味，蒸 20 分钟确保食材熟透。
3. 日本小黄瓜切片，用盐拌匀，放置 10 分钟后用水冲去盐分，再挤掉水分。
4. 蒸熟的土豆用密眼篦子和沙拉盆盛好，然后用饭铲碾细，漏下成泥。
5. 胡萝卜改刀切丁，鸡蛋剥壳切成小块，香肠切丁。
6. 把处理好的辅料全部放进土豆泥里，加入绿芥末、白糖、胡椒粉、蛋黄酱拌匀。
7. 摆盘出菜。